给孩子的烘焙实验室

Baking Lab for Kids

【美】利亚·布鲁克斯 著 丁维 译

华东师范大学出版社

图书在版编目（CIP）数据

给孩子的烘焙实验室/(美)利亚 · 布鲁克斯著；丁维译.
—上海:华东师范大学出版社，2017
ISBN 978-7-5675-6971-3

Ⅰ.①给… Ⅱ.①利… ②丁… Ⅲ.①烘焙-糕点加工-儿童读物 Ⅳ.①TS213.2-49

中国版本图书馆CIP数据核字（2017）第249146号

Baking with Kids: Make Breads, Muffins, Cookies, Pies, Pizza Dough, and More!
By Leah Brooks

给孩子的实验室系列

给孩子的烘焙实验室

著　　者 (美)利亚 · 布鲁克斯
译　　者 丁　维
策划编辑 沈　岚
审读编辑 严　婧
责任校对 陈　易
封面设计 卢晓红
装帧设计 卢晓红 宋学宏

出版发行 华东师范大学出版社
社　　址 上海市中山北路3663号 邮编 200062
网　　址 www.ecnupress.com.cn
总　　机 021-60821666 行政传真 021-62572105
客服电话 021-62865537
门市(邮购)电话 021-62869887
地　　址 上海市中山北路3663号华东师范大学校内先锋路口
网　　店 http://hdsdcbs.tmall.com

印 刷 者 上海当纳利印刷有限公司
开　　本 889×1194 16开
印　　张 10.25
字　　数 228千字
版　　次 2019年2月第1版
印　　次 2020年7月第2次
书　　号 ISBN 978-7-5675-6971-3/G · 10646
定　　价 58.00元

出 版 人 王　焰

（如发现本版图书有印订质量问题，请寄回本社客服中心调换或电话021-62865537联系）

此书献给Holly，

是你教会我如何用心下厨，

并帮我实现自己的梦想。

30 个适合全家一起玩的烘焙实验

测量、混合、搅拌、烤制，

最后把实验成果吃掉吧！

目 录

前言 8

单元 1

给孩子的厨房安全提示：敬畏厨房 10

单元 2

实用的厨房工具和常备的食材 16

单元 3

烘焙的技巧和术语 20

单元 4

健康的烘焙早餐 26

应季麦芬

春季: 烤草莓麦芬 30

夏季: 蓝莓麦芬 34

秋季: 南瓜香料麦芬 38

冬季: 柠檬奇亚籽麦芬 42

应季司康

春季: 咸味切达干酪香葱司康 46

夏季: 黑莓司康 50

秋季: 苹果派司康 54

冬季: 香橙石榴司康 58

滴面软饼 62

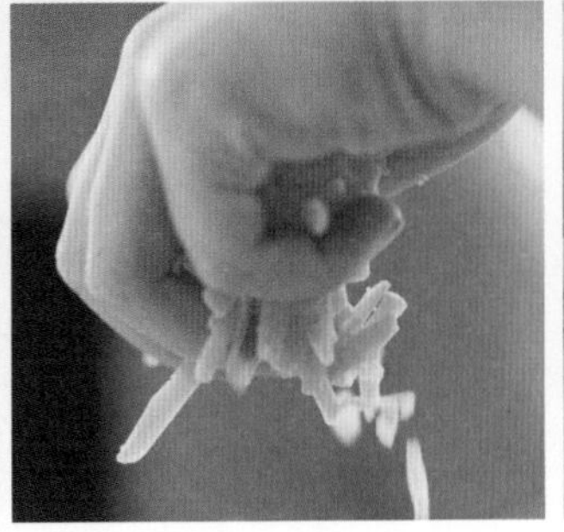

单元 5

面包和点心 64

面包

活力苏打面包 66

简易法式长棍 70

点心

蜂蜜芥末纽结饼 74

脆皮干酪泡芙 80

切达干酪方饼干 84

酥脆橄榄油饼干 88

养生全麦饼干 94

单元 6

可口的甜品 98

“外婆乐”派皮 100

迷你手工派 104

自制掼奶油 110

无面粉牛奶巧克力蛋糕 112

简易迷你芝士蛋糕 116

单元 7

派对美食:如何策划好玩的烘焙主题派对 120

饼干烘焙派对 122

花生果酱曲奇 124

巧克力豆曲奇 128

思尼克涂鸦饼干 132

披萨派对 135

披萨面团 136

纯手工番茄酱 140

单人份披萨 142

纸杯蛋糕派对 147

香草纸杯蛋糕 148

简易奶油糖霜 152

装饰纸杯蛋糕 155

关于作者 158

致谢 159

译后记 160

前 言

一直以来，厨房都是我的快乐宝地。记得十来岁的时候，我常常在下午放学回家时心情沮丧，学校里的不如意总让我心生挫败。

那时候人很单纯，头发剪坏了，或者衣服上的背带没整好，都会让人觉得天快塌了。而我的自我慰藉办法就是躲进厨房做巧克力豆曲奇。

我照着同一份食谱做了无数遍，最后终于烂熟于心。我发现称重、搅拌、烘焙的过程有着完美的可重复性，让人心生宽慰。只要照着步骤去做，就能源源不断地做出美味而温暖的曲奇，这种感觉简直太治愈了！我把它称为“厨房疗法”。

用这种办法款待自己不仅让我本人心情大好，还能与家人分享曲奇带来的快乐，还记得我妈妈向她的朋友夸耀，她女儿做的巧克力豆曲奇天下第一，这话让我备感荣光与自信。虽说在学校取得好成绩也让我的父母骄傲并带给我自信，但烘焙却是我个人独享的自豪，能把学校里的种种阴霾一扫而光。

在我执教的课后烹饪兴趣班中，我的目标很明确：帮助孩子们找到每个人自己的“厨房疗法”。其实大部分学生走进烹饪课堂时，倒也不会经常面带沮丧，但总会有人心情不佳，当我看到他们沉浸在食谱中劳作，然后在把成品端出烤箱的那一刻露出笑容时，这种感觉实在太美妙了。

希望这本书能够给你和家人提供一些必要的方法和工具，创造出属于你自己的“厨房疗法”。在家烘焙或许看起来耗费时间，但这种活动不仅富有趣味，还能做出较糕饼店更为健康营养的糕点。你会在书中找到许多小秘诀，例如怎样和孩子一起动手做烘焙，如何将烘焙的时间嵌入繁忙的家庭日程表等。开始也许有点难，但当新鲜烘焙的糕饼香味弥漫整间屋子时，你会发现，这份力气花得值！

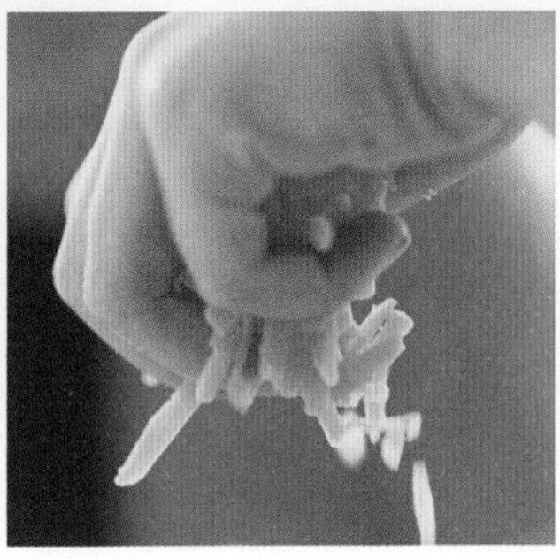

使用指南

孩子们在厨房里表现出的能干，总是让我惊喜连连，刮目相看。年幼的孩子总以为自己需要大人的帮助，或是习惯了直接由大人包干厨房里的事。虽然家长们也习惯了照顾孩子并替他们做这做那，但是我还是建议：鼓励孩子自己去尝试，就算是那些看似颇具挑战性的步骤，也不妨放手。一旦孩子们发现自己确有能力，就会变得独立，自信心也会随之提升。

在本书名为“小手来参与”的环节，你会读到和年幼孩子（5 ~ 7 岁）一起玩烘焙的小秘诀。这些技巧都是我在自己的儿童烹饪课上实践总结出来的，能让看似困难的任务变得较为容易。

有些任务对孩子来说难度较大，这种时候，与其大包大揽帮孩子完成，不如尝试换个深入浅出的办法，让孩子最终学会本领。用不了多久，他们就会向你证明：他们也一样行！在每份食谱里，你都会看到一张所需材料与工具的清单。在照着食谱动手前，不妨先把所有的材料和工具准备到位，这会让你更有条不紊、从容不迫地完成所有步骤。法语里将这种方法称为“misê en place”，意思就是“所有东西各就各位”。如果发现缺了某种材料，你也许能用其他东西来替代。当食谱中需要某种不常见的材料时，一般都会列出替代材料。但如果不常见的食材很重要，就不能省略或用替代品，比如膨大剂就是一种不能替代的关键材料，因为膨大剂对于食谱成败有着举足轻重的作用。

而食谱中需要的不同类型的面粉，就属于可以替代的常见材料，比如全麦白面粉就可以用中筋面粉替代，不会有任何负面影响。希望你们能大胆尝试新事物，在厨房里玩出乐趣！

和孩子一起烹饪时，切记的一点是：犯错是避免不了的。这并不意味着和孩子一起下厨时，你就得准备好时不时面对麻烦，而是意味着，对于最终成品要保持开放的心态。有些成品也许在你看来不怎么样，但在孩子看来，他们兴许还挺得意的呢！

我照着这本食谱与学生、朋友和家人一起下厨时乐趣多多，也希望你在使用这本食谱时，得到一样多的乐趣。烘焙快乐！

单元1 给孩子的厨房安全提示：敬畏厨房

进厨房先洗手！

厨房是个好玩的地方，但得让孩子知道：在厨房工作时要仔细听从指令，并保持对厨房的敬畏。

如果不事先确立厨房安全规则并要求孩子认真遵守，危险情况就有可能发生。在带着孩子动手烘焙前，请从头到尾阅读本单元内容。

确立厨房规则

以下几条是我在每个班级开课前都要明确的厨房基本规则。

建议大家想好一句话或一个手势，在每次让孩子集中注意时使用。比如，老师说“1—2—3 看着我”，孩子回答“1—2 看着你”，当然，你也可以随需自行增添适用于自家的其他规则。

厨房规则

→ 不要在厨房奔跑。
→ 进了厨房尽快洗手。
→ 犯错误是难免的，但在该集中注意时就要全神贯注。（如前文所说，你可以先想好一句固定的话，在需要孩子听从指令时使用。）
→ 使用刀具或搬动设备之前要告知大人。
→ 为了减少因使用电动设备而带来的安全隐患，多数食谱都为纯手工操作。
→ 收拾干净再离开，让清理台面或洗盘子变得有趣。厨房应打造成干净愉悦的地方。记住规则：把厨房收拾干净了才能享用烘焙成果。

安全地使用刀具

记住，不管孩子多大，每个人的注意力跨度和动作技能都各不相同。给孩子刀具时要善于判断。就算是大孩子，有些可能也无法很好地使用锯齿刀。让所有孩子都从黄油刀开始使用，告诉孩子黄油刀虽然不锋利，但他们仍然需要学会掌握刀具的正确姿势，之后才能使用锯齿刀。当孩子们展示出具备安全使用刀具的技能之后，你再决定是否让他们进一步使用更锋利的刀具。可以把学习刀具使用的过程想象成跆拳道的晋级过程——必须掌握一定技能并加以训练，才能晋级，得到不同颜色的腰带。

- 年龄较小的孩子（4 ~ 6岁）用黄油刀和刮刀（见第17 ~ 18页的工具）练习切割。
- 7 ~ 9岁的孩子用小锯齿刀或削皮刀。
- 10 ~ 12岁的孩子用小型厨师刀，大型厨师刀操作起来更难。
- 就算孩子已经12岁了，也应该先学习使用小刀具，再进阶到厨师刀。
- 特别留意：自信爆棚的孩子更容易发生事故。切割时动作要慢。首先学会如何精确切割，自然而然就会越切越熟练。
- 不要像玩水果忍者一样切东西！

年龄较大的孩子用小型厨师刀更顺手。

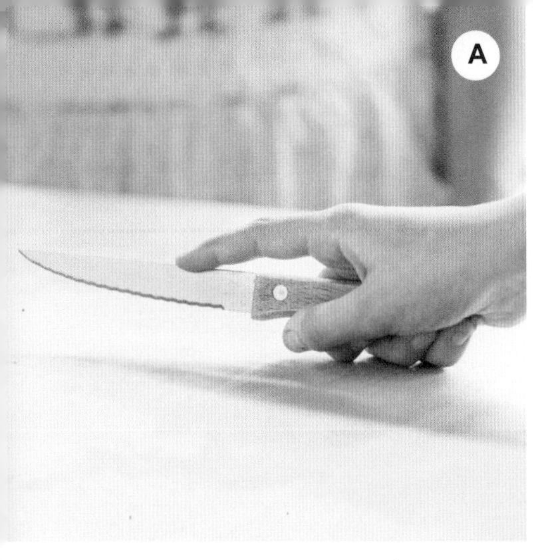

握住锯齿刀的刀柄，将食指放在刀背上增加稳定性。

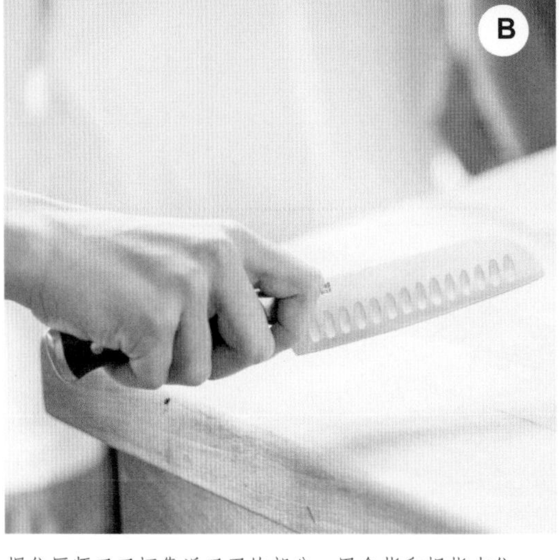

握住厨师刀刀柄靠近刀刃的部分，用食指和拇指夹住刀片。

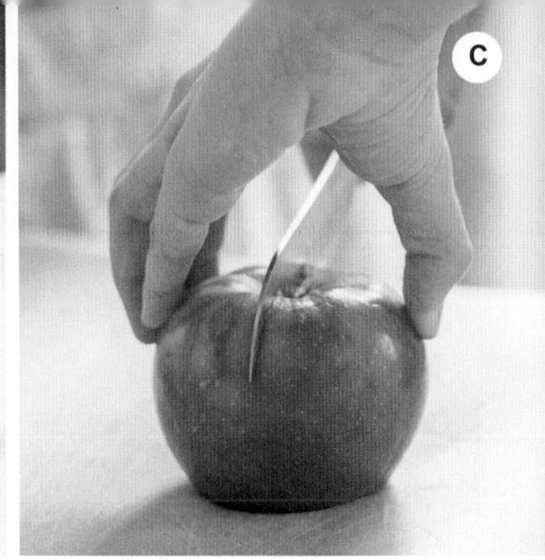

搭桥切片手法。

教孩子怎样用刀

1 怎样握住刀。拿起刀之前，先看看哪一侧锋利、哪一侧钝。这听起来好像多此一举，实际上却能帮助孩子更关注他们使用的工具，了解疏忽大意的危害。用你的惯用手握住刀。

- 用削皮刀和黄油刀时，握住刀柄，将食指放在刀背上方，这样就能更好地控制刀。（图 A）
- 用更大的厨师刀时，握住刀柄靠近刀刃的部分，将食指和拇指分放在刀刃底部的两侧并夹住刀刃。这样持刀，刀就仿佛成了手的延长部分，可以更好地控制刀。（图 B）

2 怎样按住正在切割的东西。安全地按住正在切割的食物，就和妥当掌握刀具的使用方法一样重要，甚至更加重要。切割时，用一只手握住刀，用另一只手按住食物。一定要在稳定的切菜板上用刀。为了防止切菜板打滑，可以在切菜板下垫一块湿毛巾或几张湿纸巾。不能允许孩子出现将食物从切菜板上拿起，试图凌空切割的行为。

留心所切割的东西是否会打滑。食材是圆形的吗？表面平整吗？放在切菜板上会滑动吗？切割前，可以先在食物表面割出一个平面。

- 使用搭桥切片手法：将拇指和其他四指分置于食物两侧，从顶部按住，用手指搭起一座桥。用刀从中间部分往下切，切到底使之完全分开，再把刚切出的平面朝下放置，并继续切割。（图 C）

在切割时用“熊爪”手法以保护手指。

来回切片，不要太用力！

- 接下来，使用“熊爪”手法：弯曲指关节，用手指将食物按住，整个手就像熊爪那样。这个动作可以帮助你在切割时保护手指，并掌握切割的尺寸。（图 D）

3 轻松地使用刀具，不要过度用力地切割。如果不管切什么食物都特别费劲，这说明刀具太钝了，可能会导致刀在切割时向两侧滑动，甚至有可能伤到手指。用切片这种手法，刀具即使很锋利也是安全的，因为切割时无需太用力。不过话说回来，我还是不建议孩子使用锋利的刀具。先要确保他们能熟练地掌握黄油刀的使用，然后再循序渐进地让他们使用锋利刀具。用黄油刀练手后可进阶到锯齿刀，因为锯齿刀可以用来操练来回切片的动作。（图E）

安全地使用尖锐工具

擦菜板

擦菜板是可能会伤到手指的尖锐工具。为避免事故发生，孩子在使用时应该小心地放慢动作。食材越擦越小之后，应该交由大人继续处理。

刨皮器

刨皮器也是尖锐工具，需要谨慎使用。必须在操作台上刨皮，以获得稳定性。刨皮时要往按住食材的那只手的相反方向刨，防止割伤手指。

刨皮时，应往按住食材的那只手的相反方向刨。

有大人陪伴时，孩子可以站在稳固的椅子上协助大人在炉灶上操作。

安全地使用烤箱

把发烫的烤盘从烤箱中取出前，先检查是否完成了以下动作：

- 确保孩子处于安全距离之外。告诉孩子：你现在要从烤箱中取出很烫的食物，虽然他们可能急不可耐地想看，但在大人从烤箱中取出很烫的食物时，孩子们不应该靠得太近。
- 在厨房里找个孩子够不着的地方，将烤盘放下冷却。当我还在烹饪学校当学生时，有老师曾说过，要把所有烤盘都当成烫手的看待。告诉孩子：不能从烤盘上直接拿曲奇，要等到冷却后放在盘子上或者罐子里时才可以拿。因此要和孩子定好规矩：不拿仍放在烤盘上的曲奇。和孩子解释原因：这些烤盘有可能非常烫，如果不小心碰到很容易被烫伤。

安全地使用炉灶

就孩子的身高来说，大多数炉灶头都比较高。让孩子和你一起在炉灶前动手操作时，应该先给他们找个结实的凳子让他们站在上面。在我的课堂上，我会让孩子们用炉灶煮一些无需高温烹饪的食材，这样能降低喷溅的风险。搅拌工具的手柄要足够长，这样孩子就不会和炖锅或煎锅贴得太近。确保所有的锅把手都朝左或朝右放置，而不是直接朝外，这样可以避免不小心碰到把手时锅里煮烫的东西溅出来烫伤人。

待烘焙好的食物冷却后再放入盘中。

让孩子帮着洗盘子！

随手清洁

因为在厨房里可能会用到锋利的刀具并操作发烫的烤盘，随手清洁的规矩便显得非常重要。撒落在地上的面粉会让地面打滑，这种潜在的危险必须通过立即打扫来消除。撒落的液体也同样如此。

让孩子和你一起收拾厨房。制作并品尝美味的食物固然令人愉快，但如果留下你一个人打扫战场，就不怎么开心了。一步一步收拾，不时停下来看看，让孩子帮帮忙：量匙擦干净了吗？该洗的器皿都洗干净了吗？是否可供再次使用？

我自己在教孩子烹调时，会用肥皂泡来营造愉悦的劳动氛围，这对他们很有效。在盆里准备少许洗洁精和温水，以及一块海绵。给孩子示范，怎样把海绵里多余的水分挤出，再擦洗台面。肥皂泡很吸引孩子，可以让他们兴奋起来，而且能让你和孩子们直观地看到清洁的成果！教会孩子们在完成擦洗后，再用干净的湿抹布擦拭台面。早早地让孩子学会这些技能，能帮助他们（还有你自己）保持厨房干净，这样，即使是带着小孩子进行复杂的烘焙也没有后顾之忧了。

用肥皂液擦洗操作台，肥皂泡会让清洗工作更好玩。

单元2 实用的厨房工具和常备的食材

经本人实践，本单元提到的工具在孩子帮厨时特别管用。

如果你家中没有清单里的某些工具，那也没关系，有些替代品也能起到同样的作用。

实用的厨房工具

烤盘

我在本书所有食谱中用到的烤盘都是带沿烤盘。有了沿边，就可以防止在烘焙过程中，从食物中渗出的油、果汁等液体滴到烤箱底部。尤其是当你在制作含有黄油的食物，比如司康和手工派时，如果食材在烘焙前冰冻得不到位，就很可能在烘焙过程中溅出黄油。

如果你没有带沿烤盘，用锡箔纸卷出边沿围在烤盘四周也可以。

从左上方起，顺时针方向呈现的物品分别是：

1. 量匙
2. 削皮器
3. 刮刀
4. 木匙
5. 小型厨师刀
6. 小型锯齿刀
7. 黄油刀
8. 细孔磨泥器
9. 搅拌盆
10. 硅胶刮刀
11. 打蛋器
12. 量杯
13. 液体量杯
14. 吸油纸（垫在烤盘内）
15. 带沿烤盘

刮刀

刮刀在切分面团、切除面饼上的硬外壳、切割黄油时非常有用。刮刀也是孩子易于使用的工具。虽然它们不能用于切割硬物，但可以用于切割削好皮的苹果、土豆、香蕉和其他软物。用刮刀能方便地操作黏稠的面团。在厨具店里，用不了十美元就能买到金属长刮刀或面团刮刀。

削皮器

削皮器属于锋利工具，要提醒孩子，小心削皮器上的利刃。瑞士款的削皮器比较适合孩子用，而且颜色也丰富多样。

细孔磨泥器

我在课堂上让孩子用磨泥器来刮橙皮，也会磨一些通常需要用大型刀具来处理的食材。虽然磨泥器上也有尖锐的部件，但我发现孩子用这个工具时很得心应手。当然如果在使用时速度过快也可能会出现意外，所以要时刻注意孩子，提醒他们集中精力，并且在操作时始终保持较慢的速度。如果没有细孔磨泥器，可以用擦菜板上的小孔部分替代。再用刀将磨好的食材剁细，保证颗粒均匀。

刀具

我在上一单元讲过，应该根据孩子的年龄和已有经验来提供不同的刀具供其使用。年龄较小的孩子应该从使用黄油刀切软物开始练习，比如香蕉、草莓、去皮的苹果和梨子。熟练掌握了黄油刀的使用之后，才能循序渐进地使用锯齿刀。

一旦掌握了锯齿刀之后，就可以开始使用削皮刀。并确保孩子可以轻松地分辨出削皮刀上哪侧利、哪侧钝。

大一点的孩子可以使用小型厨师刀。建议带孩子一起去买刀，让他们在店里试着握一握刀，看看哪把刀他们用起来最合适。如果刀具的尺寸太大，对孩子来说就难以掌控。

搅拌器

本书食谱均为纯手工操作设计，不会用到电动搅拌器，因此你需要备好较为耐用的搅拌工具。木匙很适合用来搅拌，但木匙需要手工清洗。小型打蛋器比大型打蛋器更适合孩子使用。要把面糊、面团从碗里刮出来时，使用硅胶刮刀可以刮得很干净。

盆

本书中的食谱，需要用到大中小三种型号的搅拌盆。出于安全考虑，我选择用金属盆而非玻璃盆。为了让孩子能更好地分类放置各种切碎和量好的食材，建议多备几个小盆待用。

吸油纸

我用吸油纸铺垫烤盘，这样搬移食物或者清洗时都特别方便。如果你觉得用纸制品不够环保，可以买一两张硅胶烤垫。

量杯和量匙

量杯分干物量杯和湿物量杯。湿物量杯更适用于量取液体，因为如果用干物量杯的话，就必须装满量杯。如果你（或孩子）用干物量杯装满液体，可能还没等把液体倒进搅拌盆就洒了，因此，量取液体时应挑选可以轻松读取刻度的湿物量杯。对于干物，宜挑选那些把刻度刻在手柄上的成套金属量杯。塑料量杯用久了，字体会变得难以辨认，这样就给准确量取增加了难度。

常备的食材

本书中的食谱使用了我最喜欢的食材，且均由本人亲自尝试并测试过。我倾向于保持食物的天然风味，较少使用精加工的白砂糖，还尽可能购买本地食材。不过话说回来，烘焙时追求全天然也有弊端，比如有些天然糖粉的颜色不够白，用来做香草奶油糖霜的话，颜色看上去就和平时看到的不太一样。我个人可以接受家庭烘焙作品的外观与外面店里卖的或专业版的有差异，所以我经常选择天然的食材。买食材时，和家人讨论并作出自己的决定就好！在书里，我只是给出我的浅见而已。

面粉

本书中的多数食谱需要用到混合的中筋粉（蛋糕粉）和全麦白面粉。全麦面粉不仅能提升糕饼的营养价值，还能带来绵长的口感。全麦面粉的坚果风味能很好地烘托烤物的焦香，因此特别适用于咸饼干类。全麦白面粉在大多数食品店有售，它与 100% 全麦面粉（含麦麸皮）相比，质地和口感都更为温和。

糖

烘焙时我使用天然蔗糖。如果糖粒上沾着些许糖浆，也没关系。如果要在天然蔗糖和深度加工的漂亮白砂糖之间选，我宁可选前者。不过要记住，溶解天然蔗糖所需要的时间比溶解白砂糖的要长。当然，凡事皆有例外，做香草纸杯蛋糕时就需要颗粒白砂糖了。

盐

在设计这本书里的食谱时，我使用的是粗盐。我在烹饪学校里也用这种盐，习惯了它的颗粒感，觉得用来调味很方便。精制食盐要比粗盐更咸。因此，如果你选择使用精盐，记得在撒盐时只需使用本书食谱中建议的一半用量。

黄油

在多数食谱中，我用的是动物黄油而不是植物黄油

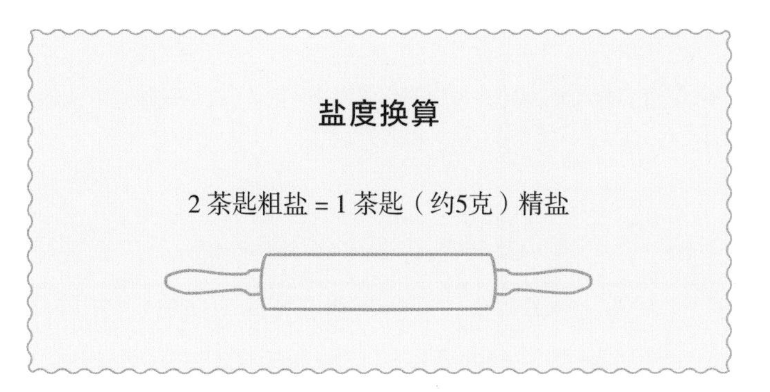

或起酥油。在我看来，动物黄油的味道更好！本书食谱中的黄油均是无盐黄油。含盐黄油适用于涂抹在面包上，但在烘焙时，用无盐黄油能帮助你更好地控制盐的用量。

香料

香料应该是香味扑鼻的，如果香料放久了，就会失去香味。所以如果你的香料在食品柜里放了好多年，就该买新的啦。每隔两三年，就要更换用剩的香料。整粒的香料可以比研磨过的香料保质期长一年左右。

单元3 烘焙的技巧和术语

帮助孩子擀面团。

阅读食谱时，经常会看到诸如翻拌、糖油拌合等普通人不太理解的术语。

在本单元，我挑选出一些烘焙食谱中较为常见的术语加以解释，这样一来，你就会明白它们是什么意思，有什么意义了。

量取

面粉

要量取面粉等食材，最精确的方式是用天平。对于面粉来说，精确量取尤其重要，因为如果面粉在食品柜的容器里放久了，会变得紧实。

舀起面粉并放进量杯。

用面粉在量杯中堆出小丘。

用黄油刀的刀背将高出部分刮回容器。

因为多数人的家中没有磅秤，所以另外一种量取面粉的好方法是用勺子舀起面粉放入量杯，将面粉装至量杯顶部形成小丘，然后用黄油刀的刀背将高出的部分刮回容器（不要刮进搅拌盆！）。即将干物量杯装满，面粉表面与量杯顶部齐平。

直接用量匙舀取糖和盐。

其他干物

盐、糖和其他干物的量取与面粉相同，只需从容器中舀取放入量杯，再用黄油刀刮平量杯顶部即可。

液体

量取液体时，将液体量杯放置在水平表面。将液体装至正确的标线处，并将量杯放至视平线高度，从侧面观察，确认量取的液体顶部对应的刻度。

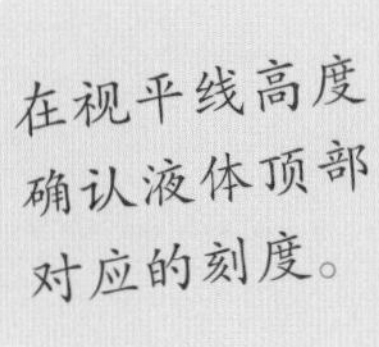

在平整的台面上轻轻敲击蛋壳。

用两个大拇指掰开蛋壳。

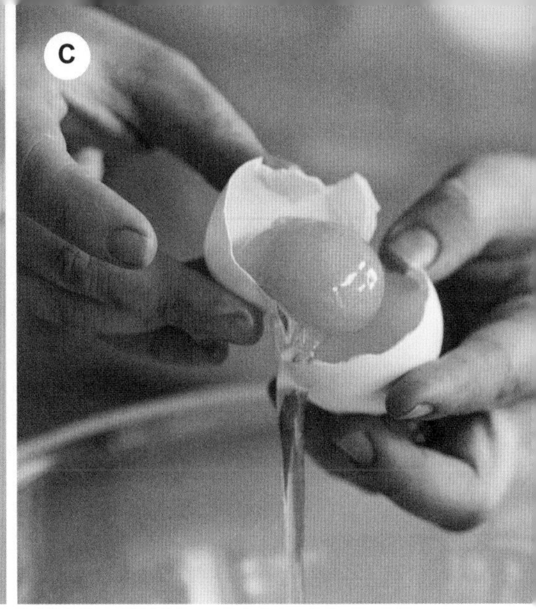

左右手对倒壳内的蛋黄，让蛋白流出。

敲蛋

这是烘焙中很容易出乱子的一个动作。在我的课堂上，不管我费多少口舌关照孩子要轻轻敲蛋壳，仔细对掰开两半蛋壳，大多数孩子还是会把蛋壳捏破。也许是因为他们对自己的力道还不能准确地意识和掌控。而最好的办法，似乎并不是大人不厌其烦地解释，而是让他们自己体会捏破蛋壳的后果——鸡蛋会在手里炸开，然后碎蛋壳会掉进面糊里。不管怎样，在孩子们第一次敲蛋时，应该备一个单独的碗，让他们把蛋敲进这个碗里，以防碎蛋壳掺入面糊里。实际上，直到孩子熟练掌握敲蛋手法之前，最好都让他们用单独的碗练习。

1 敲蛋时，轻轻地在桌上或碗沿敲击蛋壳，直至蛋壳出现细小裂纹。（图A）

2 让孩子拿住蛋，对着碗，将大拇指放在蛋壳裂纹的两侧，并沿裂纹掰开蛋壳。（图B）蛋壳掰开后，蛋液就会很容易地掉下来。先检查蛋液中是否有碎壳，再将其倒入面糊或面团中。

分离蛋黄蛋白

先准备好两个碗，一个装蛋白，一个装蛋黄。轻轻地在桌上或碗沿敲击蛋壳，直至蛋壳出现细小裂纹。将蛋壳开裂的一侧转到上方。将两个大拇指放在裂纹两侧，对准碗，将蛋壳竖直掰开。这时蛋白会流下来，蛋黄还待在蛋壳里。为了让蛋白流尽，左右手对倒壳内的蛋黄。（图C）如果蛋黄里掺进了一丁点蛋白，不会有太大影响，但是如果蛋白里掺进了一丁点蛋黄，就会影响蛋白发泡。

将柠檬的外层果皮磨碎，小心不要擦到白色的衬皮。

磨泥

将柠檬皮磨泥既可以增加风味，又不会带上柠檬汁液的酸味。要注意的是，只需要磨碎果皮，不需要磨到衬皮。衬皮是介于外皮和果瓤之间的那层白色膜，它有种苦涩的味道。

注意将碗沿上的残余都刮进来，确保搅拌到全部的食材。

灌曲奇面团和面糊的双勺法

灌曲奇面团和面糊时，可以用两把金属勺子来操作。一把勺用来舀出适量的面糊，另一把勺用来刮出面糊放到烤盘或麦芬纸托中。为防止过程中乱成一团，让孩子先把舀满的勺子对准烤盘或纸杯，然后再开始灌面糊。

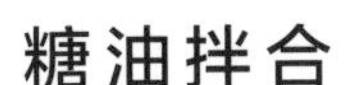

糖油拌合

糖油拌合是把糖和油脂（通常是黄油）进行搅拌，直到混合物变得颜色更浅、质地更蓬松。用木匙或硅胶刮刀搅拌，注意将碗沿上的残余都刮进来，确保搅拌到全部的食材。

揉搓面团可以产生面筋。

图A. 撒少许干面粉以防粘黏。

图B. 用双手把面团压扁。

图C. 把面团折叠成双层，再用手掌把面团朝外揉开。

翻拌

在将蛋白等发泡的食材混入面团时，可以用到这种手法。翻拌的动作要轻柔，才能保留之前面团中的气泡，并让新添加的食材均匀地分布。可以把混合面糊的动作想象成叠衣服，将发泡的食材从搅拌盆的一侧舀起，再盖到你新添加的食材上。硅胶刮刀是最合适的翻拌工具。

用硅胶刮刀轻轻地将蛋白翻拌到面糊中，这样可以保护好蛋白里打出的气泡。

揉面

为什么需要揉面？因为揉面的过程能促进面筋的产生，从而让面团可以在二次发酵和烤箱烘焙的阶段膨松胀大。首先在操作台上撒一层薄薄的干面粉。可以用大的木案板来当操作台，下边垫一块湿毛巾；或者使用木制切菜板；也可以用上面盖着吸油纸或硅胶垫的饭桌当操作台。不管选择什么样的台面，结实安全是必须的！

从盆里把面团取出。面团可能会很黏手，如果太黏的话，可以在手上拍一些干面粉。用手掌根部把面团往下、往外推。把面团叠成两层，再旋转 90 度。不断重复上述步骤，就是所谓的揉面了。一般来说揉面要花 10 分钟左右，如果食谱中另有要求则遵照食谱。如果你揉不到 10 分钟就累了，就让其他人帮帮忙继续揉吧。

揉面时应保持一定的节奏，太慢的话，揉的次数就会不够，面团进烤箱后就会变得过于坚硬和密实。当面团变得光滑发亮，并且能够撑得住形，而且不再发黏时，揉面的工作就大功告成了。把面团整理成球形，以待二次发酵。

二次发酵

二次发酵是指放置加了酵母的面团（即使用酵母菌做的面团）以待其膨胀的阶段。食谱中可能会提到二次发酵约需 1 小时。你可以把面团放置在抹过薄薄一层油的盆里，再用塑料垫子或盘子盖上，然后静置，直至其体积翻倍。二次发酵需要温度、湿度较为恒定且适宜的环境，以免面团发酵不充分。

健康的烘焙早餐

Rise和Shine正在品尝美味的早餐！

本单元食谱

应季麦芬

→ 春季：烤草莓麦芬
→ 夏季：蓝莓麦芬
→ 秋季：南瓜香料麦芬
→ 冬季：柠檬奇亚籽麦芬

应季司康

→ 春季：咸味切达干酪香葱司康
→ 夏季：黑莓司康
→ 秋季：苹果派司康
→ 冬季：香橙石榴司康

→ 滴面软饼

忙碌的早晨

一大早，给孩子穿衣喂饭是力气活。不过，与其匆匆去咖啡店，或者买现成的糕饼和早点充饥，我倒是鼓励大家自己来烘焙。也许你会问：“谁有时间弄那些啊？”

诚然，去附近的咖啡店或者买现成的糕饼是更简单，不过我觉得，大多数咖啡店的司康、麦芬的个头都太大，价格太贵，而且表层常常带着厚厚的糖霜。而很多包装好的早点又往往含有应该尽量让孩子们远离的成分。如果你提前烘焙好自家的司康和麦芬，既能省钱，又能控制食物分量和糖含量，还能混入富含维生素的水果和全麦面粉。打开食品柜看看，你可能都不相信自己原来有那么多随手可用的食材！

司康和麦芬可以在周末制作，然后放在冰柜里，在工作日当作早餐取用。烘焙好的糕饼要先用锡箔纸单个包好，然后再用塑料袋包装。提前一个晚上把司康或麦芬从冰柜里取出，第二天一早就有自家制作的糕饼吃了！

在这一单元，你会学到如何制作美味可口，而且还富含新鲜当季水果的快手早餐——在忙碌的工作日早晨，还有什么比这更能满足全家需求的呢？

应季麦芬

麦芬这种糕饼很容易做成各种应季的水果风味。在这部分，你会看到各个季节的麦芬食谱，每一款都用到了当季的新鲜水果和香料来呈现季节的馈赠！

没有白脱牛奶怎么办？

没事！
照着下面的办法就能调出替代品。

制作1杯（235毫升）白脱牛奶需要:

→ 2 汤匙（30 毫升）柠檬汁或白醋
→ 1杯（235毫升）全脂、半脱脂或脱脂奶

或者
→ $\frac{3}{4}$杯（180毫升）全脂、半脱脂或脱脂奶
→ $\frac{1}{4}$杯（60毫升）全脂、半脱脂或脱脂酸奶

应季司康

司康的口感美味油润，而且和麦芬一样，可以添加各种应季水果，作为每天的头一餐再好不过了。司康可以变出各种花样，比如这一单元就提供了含有蔬菜的咸味早餐司康等配方。

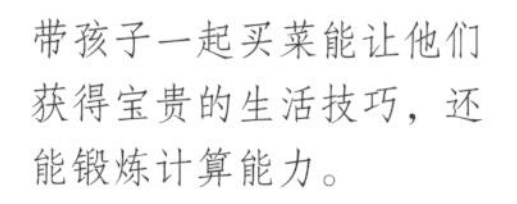

带孩子一起买菜能让他们获得宝贵的生活技巧，还能锻炼计算能力。

带孩子一起选购果蔬，让他们了解各种果蔬的供应季节。

带孩子一起去菜市场吧。

带着孩子用果蔬认识季节

要教会孩子吃当季食物，最好的办法就是带着他们一起去当地的农贸市场。现在，很多城市都有农贸市场。去农贸市场采购是一场刺激感官的旅行：那里有色彩绚烂、气味芬芳的食材，而且大多数农民还会大方地让你品尝自家丰收的物产。农贸市场里通常还有本地乐队的现场演奏，气氛非常友好。经常光顾本地的农贸市场，也有助于本地经济的发展，也就是在为地方建设添砖加瓦。在旧金山，我最爱带孩子们去的农贸市场叫诺伊谷农贸市场，每次去其他城市和地区时，我也会去当地的农贸市场转转，觉得这样才能更好地了解当地文化，同时可以用视觉、味觉和嗅觉感受当地出产的食物。

在烹调课堂上，我每个月都会带一群孩子去逛附近的农贸市场，教他们关于农场的知识，带他们一起买食材，而不是纸上谈兵地教他们什么季节出产什么果蔬。我发现直击现场能给他们留下更深入持久的印象。为了给整个过程增加趣味，我会安排一些小游戏，比如鼓励孩子们按照彩虹的颜色去寻找市场里的各色果蔬，而且允许孩子们去和农民聊天问问题。让孩子们自己支配预算，自由采购所需食材，也是在锻炼他们的社会能力和计算能力。这样会使得整个活动更有价值，并能提升孩子们的自信心。

带孩子去农贸市场帮着采购食材，你会惊喜地发现，他们愿意尝试各种各样的新食物！花些时间和孩子一起在农贸市场探索，还能激发那些有想象力的孩子去开发新的菜品。

材料

烤草莓需要：

→ 3杯（510克）去蒂并切成四瓣的草莓
→ 1汤匙（12 克）糖

做麦芬需要：

→ 5汤匙（70克）软化的无盐黄油
→ $\frac{1}{2}$杯（100克）糖
→ 1 个蛋
→ $\frac{1}{2}$杯（120克）全脂酸奶
→ $\frac{1}{2}$茶匙柠檬皮
→ 1 杯（120克）中筋粉
→ $\frac{1}{2}$杯（60克）全麦白面粉
→ $1\frac{1}{2}$茶匙（7.5克）泡打粉
→ $\frac{1}{4}$茶匙（约1.25克）小苏打
→ $\frac{1}{2}$茶匙（约2.5克）盐
→ 烤好的草莓（原料见上）

春季：烤草莓麦芬

提前烤好草莓，是制作这款麦芬的关键步骤。否则，新鲜草莓会给麦芬带来过多水分，导致口感过于湿滑。烘烤的过程可以浓缩草莓的风味，带出其天然的香甜。草莓的果泥会让麦芬带上一抹可爱的粉红，再加上香草奶油糖霜，就成了湿度适宜的美味纸杯蛋糕。

成品数量：12 个

工具

- → 量杯和量匙
- → 液体量杯
- → 细孔磨泥器
- → 大盆
- → 中盆
- → 标准12杯麦芬模具
- → 麦芬纸托
- → 2 个带沿的烤盘
- → 吸油纸
- → 打蛋器
- → 木匙（或硅胶刮刀）
- → 黄油刀

小手来参与

用黄油刀切草莓很容易，让孩子在切之前先把蒂去掉，然后从中间切开。用搭桥切片手法（见第12页）把草莓对半切开，然后把切面朝下，再以竖直方向从中间切开。

操作步骤

1 将烤箱开到摄氏190度（或刻度5）。将内附纸托的麦芬模具准备好，放在一边。孩子们喜欢在进行到这个步骤时来帮忙。向他们演示如何一个个地分离纸托，避免因为纸托粘在一起造成浪费。

用搭桥切片手法来切草莓。

年纪小的孩子也可以很容易地学会用黄油刀切草莓。

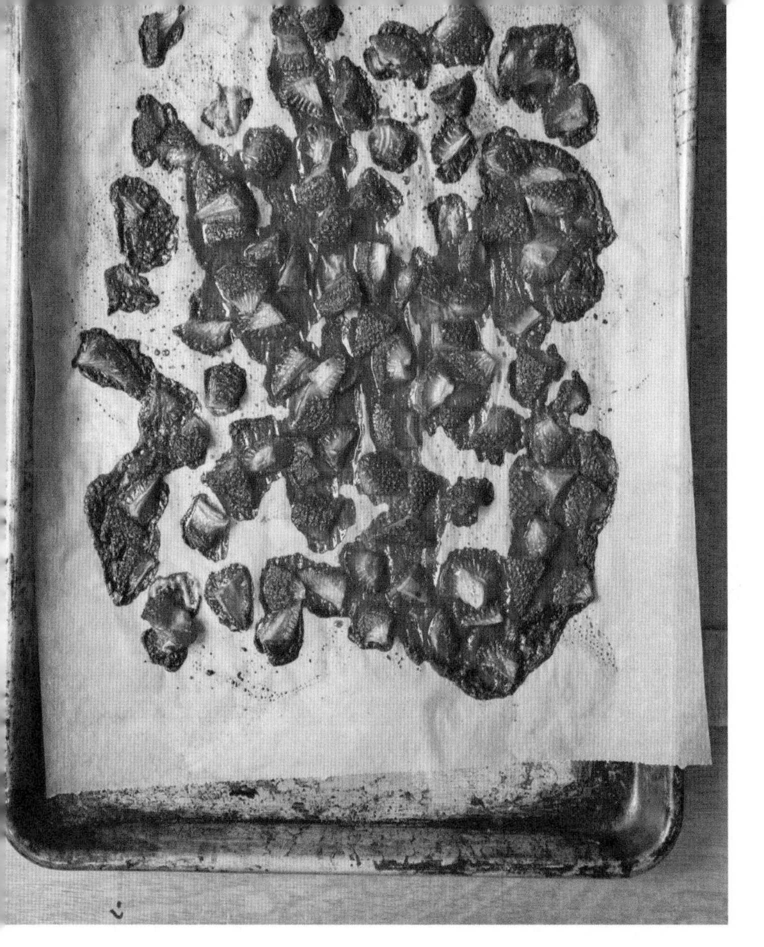

烤至看到草莓表面出现糖浆即可。

2 在烤盘里铺上吸油纸，放入草莓，和糖一起摇匀。再将草莓均匀摊开，烤15～20分钟，或烤到汁液蒸发得差不多，果实表面挂上糖浆时即可。将烤盘从烤箱中取出，冷却至室温。如果想做出粉色麦芬，用手动搅拌机或小型食品处理机榨出$\frac{1}{2}$杯（85克）烤草莓果泥，放在一边，也可以用叉子在温度尚热时捣碎草莓。如果你不想做出粉色麦芬，就跳过榨泥的步骤，在之后的翻拌环节直接把草莓包进面糊就可以了。

小手来参与

确保孩子们知道烤盘可能会很烫，因此不能乱碰。为他们定好规矩，烤盘上的食物不能拿。只有当烘焙好的食物移到碟子或托盘上以后，才可以开始品尝。

3 用木匙搅拌大盆里的黄油和白糖，当混合物的颜色变浅、质地变蓬松时，就表示奶油做好了。如果黄油难以拌开，可以先放进微波炉加热软化后再拌，用微波炉碗装着加热15秒左右即可。如果黄油仍旧没有软化，再加热15秒，直到黄油变软但又没有完全融化为止。

4 在做好的奶油里加入全蛋液，打匀，再加入酸奶、草莓果泥、柠檬碎皮。

5 另取一个盆，用干净干燥的打蛋器把面粉、泡打粉、小苏打、盐一起打匀。取一半搅拌好的面粉放入做好的奶油里，将面糊混合物搅拌至均匀。再将剩余的另一半搅拌好的面粉倒入面糊里，搅拌至面粉消失，这样面糊就比较稠了。轻轻地拌入步骤2中烤好的草莓，注意动作要轻柔，以保持草莓的完整。

小手来参与

提醒孩子，在搅拌面粉时动作一定要轻柔，只需将食

材混合起来就可以了。虽然搅拌很好玩，但搅过头的面粉做出来的麦芬会变得硬邦邦又没有气孔，那就不好玩了！

小手来参与

如果帮厨的孩子不止一个，搅拌时可以每人10下，轮流进行，或者让一个孩子打蛋，另一个孩子拌酸奶，完工后再分别让他们压草莓泥和磨柠檬皮。如果其他孩子在旁边闲着无聊，可以让他们轮流给搅拌的孩子扶住碗盆。团队合作、各司其职的能力就是这样培养起来的！

6 在每个模具里注入$\frac{3}{4}$杯的面糊（见第23页，如何用双勺法往模具里注入面糊）。烤15～25分钟，在12分钟后检查并旋转烤盘。麦芬烤好之后，顶部呈金黄色，可以在麦芬正中位置插入牙签检查内部，拔出后的牙签表面应是干净的。

7 把麦芬留在烤盘里散热5分钟，然后放到架子上彻底冷却。

当有人帮你扶住碗时，搅拌会更容易。

材料

- 5 汤匙（70克）软化的无盐黄油
- $\frac{1}{2}$杯（100克）糖
- 1 个鸡蛋
- $\frac{3}{4}$杯（180克）全脂酸奶
- $\frac{1}{2}$茶匙（约2.5克）柠檬碎皮
- 1 杯（120克）中筋粉
- $\frac{1}{2}$杯（60克）全麦白面粉
- $1\frac{1}{2}$茶匙（约7.5克）泡打粉
- $\frac{1}{4}$茶匙（约1.25克）小苏打
- $\frac{1}{2}$茶匙（约2.5克）盐
- $\frac{3}{4}$杯（110克）蓝莓

夏季：蓝莓麦芬

蓝莓麦芬是经典的万人迷品种。这款麦芬还加入了柠檬碎皮，以进一步提升口感，让风味更为浓厚。

成品数量：12 个

工具

- 量杯和量匙
- 液体量杯
- 大盆
- 中盆
- 木匙（或硅胶刮刀）
- 细孔磨泥器
- 标准12杯麦芬模具
- 麦芬纸托
- 打蛋器

如果你的家人在秋冬春三季都爱吃蓝莓麦芬，我建议你可以考虑选用冰冻蓝莓，而不要选择从遥远的地方运输来的新鲜蓝莓。

冰冻蓝莓品质卓越，因为它们是在味道最成熟饱满时被采摘并立即急冻的，而新鲜蓝莓却是在下市之后经过长途运输而来的，为了延长保质期，它们不得不在成熟前就被采摘，因而欠缺了风味。

如果你要使用冰冻蓝莓制作麦芬，开始前无需解冻。

操作步骤

1 将烤箱预热至摄氏190度（或刻度5）。在12个模具里垫上纸托。孩子们喜欢帮着做这些事，别忘了向他们演示如何一个个地分离纸托，避免浪费。

2 用木匙搅拌大盆里的黄油和白糖，当混合物的颜色变浅、质地变蓬松时，就表示奶油做好了。（图A）如果黄油难以拌开，放进微波炉加热15秒后再试。

小手来参与

对于孩子来说，敲蛋要么让他们很兴奋，要么就让他们很抓狂。不管他们怎样想，蛋到了孩子手中，多半并不是被对半敲开的，而是被捏破的。在我教课时，我会让孩子们用单独的碗，并在我的监督下来敲蛋，以防出现爆裂。（详细内容见第22页）要告诉孩子处理生蛋时可能造成的污染，让他们养成洗完手再拿其他东西的习惯。

小手来参与

如果帮厨的孩子不止一个，搅拌时可以每人10下，轮流进行。

3 往做好的奶油里加入全蛋液，打匀，然后加入酸奶和柠檬皮。

将黄油和糖搅拌在一起。

4 另取一个中盆，用干净干燥的打蛋器把面粉、泡打粉、小苏打、盐一起打匀。取一半搅拌好的面粉放入做好的奶油里，搅匀。将剩余的另一半搅拌好的面粉倒入面糊，搅拌至面粉消失，这样面糊就比较稠了，再轻轻地拌入蓝莓。（图B）提醒孩子搅拌时要轻柔，否则做出来的麦芬的口感会变得干硬。

轻轻地将蓝莓与面糊搅拌在一起。

5 在每个模具中注入$\frac{3}{4}$杯的面糊（见第23页，如何用双勺法在模具中注入面糊）。

小手来参与

先把面糊注入一个模具，给孩子做示范，接着让孩子自己来。如果有的模具装得太满，可以将模具里的面糊再舀出来一些。

6 烤15～25分钟，在12分钟后检查并旋转烤盘。麦芬烤好之后，顶部呈金黄色，可以在麦芬正中位置插入牙签检查内部，拔出后的牙签表面应是干净的。

7 把麦芬留在烤盘里散热5分钟，然后放到架子上彻底冷却。

小手来参与

确保孩子们知道烤盘可能会很烫，因此不能乱碰。定好规矩，只有当烘焙好的食物移到碟子或托盘上以后，才可以开始品尝。

材料

- 1杯（120克）中筋粉
- $\frac{1}{2}$杯（60克）全麦白面粉
- 1茶匙（约5克）泡打粉
- $\frac{1}{2}$茶匙（约2.5克）小苏打
- 1茶匙（约5克）盐
- $1\frac{1}{2}$茶匙（约7.5克）南瓜派香料
- $1\frac{1}{3}$杯（325克）新鲜烤南瓜泥或灌装南瓜泥
- 5汤匙（70克）软化的无盐黄油
- 2个鸡蛋
- $1\frac{1}{4}$杯（250克）糖

做肉桂糖霜需要：

- 1 汤匙（12克）糖
- 1 茶匙（约5克）肉桂粉

秋季：南瓜香料麦芬

伴着香料的芬芳，厨房里飘来烤南瓜的气味，于我而言，这就是秋天到来的标志。

成品数量：12 个

工具

- → 量杯和量匙
- → 液体量杯
- → 中盆
- → 大盆
- → 带盖的广口瓶
- → 标准12杯麦芬模具
- → 麦芬纸托
- → 打蛋器
- → 木匙（或硅胶刮刀）

这是一款特别适合新手烘焙的麦芬，味道可口，操作方便。上面再撒一层甘美的奶油芝士糖霜，吃着完全停不下来啊！

操作步骤

1 将烤箱预热至摄氏180度（或刻度4）。在麦芬模具里垫上纸托。孩子们喜欢帮着做这些事，别忘了向他们演示如何一个个地分离纸托，避免浪费。

2 取中盆，用打蛋器将面粉、泡打粉、小苏打、盐和香料一起充分搅拌至均匀，放在一边待用。

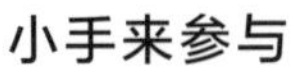

小手来参与

为了避免孩子争吵，可以采用轮流上阵的办法。让一个孩子倒食材，另一个孩子搅拌。面粉加入各种香料混合物后，颜色会渐渐地从白色变成棕黄色，观察这个过程会很有意思！

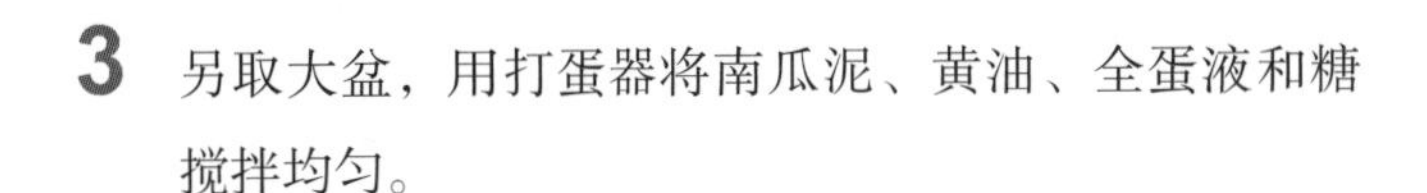

3 另取大盆，用打蛋器将南瓜泥、黄油、全蛋液和糖搅拌均匀。

小手来参与

提醒孩子在制作时，搅拌的动作要轻柔，只需达到混合的目的即可。虽然搅拌很好玩，但搅过头了做出来的麦芬的口感会变得又干又硬。和本单元其他食品相比，南瓜香料麦芬的面糊会更稀，所以特别容易搅拌过头。

4 取一半混合好的面粉拌入南瓜糊，搅拌均匀。再将剩下的另一半面粉混合物倒入南瓜面糊（图A），搅拌至面粉消失即可。

5 取带盖的广口瓶，倒入肉桂粉和糖，摇至均匀，用来制作撒在顶部的糖霜。

小手来参与

有位厨房高手教过我食物调味的秘诀：拿调味品的手要尽量举高！这样不管撒的是什么调味品，都能分布得更加均匀。如果手举得太低，撒落在食物上的调味品就会由于分布不均而挤成一团，导致每一口的味道都有差异。同理，在做南瓜香料麦芬时，手要离麦芬30～60厘米高，这样撒下的肉桂糖霜才会分布均匀。

6 在每个模具中注入$\frac{3}{4}$杯面糊（见第23页，如何用双勺法在模具中注入面糊）。入烤箱前在每个麦芬顶部撒上少许肉桂糖霜。（图B）

7 烤15～25分钟，在12分钟后检查并旋转烤盘。麦芬烤好之后，顶部呈金黄色，可以在麦芬正中位置插入牙签检查内部，拔出后的牙签表面应是干净的。

8 把麦芬留在烤盘里散热5分钟，然后放到架子上彻底冷却。

A

将面粉混合物加入南瓜面糊里。

小手来参与

大人需在烘焙过程中时时取出麦芬以监测和确保烘焙进程，但小孩子不能参与。为避免意外，当大人从烤箱里取出热烤盘时，孩子们必须与之保持一定距离。

B
在每个麦芬上面均匀地撒上肉桂糖霜作为点缀。

材料

- → 1 个大小适中的柠檬
- → $\frac{2}{3}$杯（132克）蔗糖
- → 1 杯（120克）中筋粉
- → $\frac{1}{2}$杯（60克）全麦白面粉
- → 2 茶匙（约10克）泡打粉
- → $\frac{1}{4}$茶匙（约1.25克）小苏打
- → $\frac{1}{4}$茶匙（约1.25克）盐
- → 2 个大的鸡蛋
- → $\frac{3}{4}$杯（180毫升）白脱牛奶*
- → 1 茶匙（约 5 克）纯香草精华
- → 1条（$\frac{1}{2}$杯或112克）冷藏后软化的无盐黄油
- → 2 汤匙（12克）奇亚籽

做柠檬糖霜需要：

- → 2 汤匙（24克）蔗糖
- → 1 茶匙（约5克）柠檬碎皮

*白脱牛奶这种东西谁家会常备啊？反正我家没有！能用别的替代品吗？答案见第27页。

冬季：柠檬奇亚籽麦芬

这款麦芬带着柠檬汁和柠檬皮的明媚，用来开启一个美好的早晨真是再合适不过了。细小的奇亚籽装点出调皮的“小雀斑”，也让麦芬的口感更加富有层次。你听，每吃一口都有美妙的咔哧咔哧声。

成品数量：12 个

工具

→ 量杯和量匙
→ 液体量杯
→ 大盆
→ 中盆
→ 2个小盆
→ 细孔磨泥器
→ 榨汁器
→ 标准12杯麦芬模具
→ 麦芬纸托
→ 打蛋器
→ 木匙（或硅胶刮刀）
→ 刀

取少许柠檬碎皮加入糖中，释出外皮的油。

操作步骤

1 将烤箱预热至摄氏200度（或刻度6）。在模具里垫上纸托。孩子们喜欢帮着做这些事，只是别忘了向他们演示如何一个个地分离纸托，避免浪费。

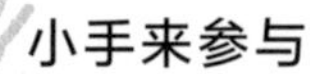

小手来参与

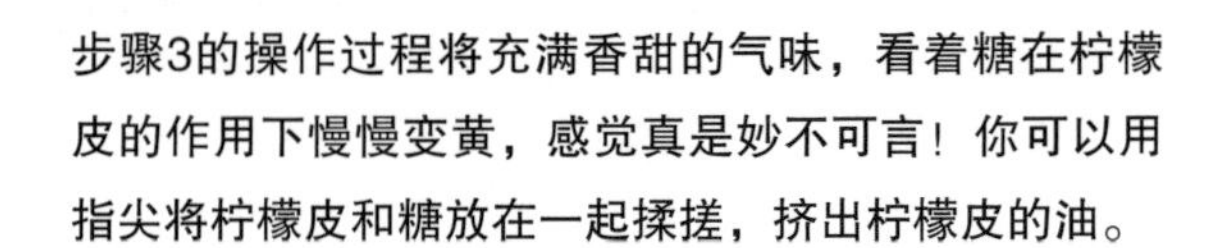

步骤3的操作过程将充满香甜的气味，看着糖在柠檬皮的作用下慢慢变黄，感觉真是妙不可言！你可以用指尖将柠檬皮和糖放在一起揉搓，挤出柠檬皮的油。

2 在细孔磨泥器上将柠檬皮磨碎，用小盆接住。再用榨汁器榨出柠檬汁，另取小盆盛放，这样就能挑出柠檬汁里可能掺入的柠檬籽。你可以邀请孩子来帮忙完成这个步骤。如果对半切开的柠檬对孩子来说不好操作，可以将柠檬切成四瓣。

3 取中盆，将糖和柠檬皮放在里面一起揉搓均匀，直到糖色发黄，并散发出柠檬香味。（图A）

如果将一根插在麦芬中的牙签拔出，牙签上是干净的，那就代表麦芬已经烤好了。

4 用打蛋器将面粉、泡打粉、小苏打、盐、糖和柠檬皮混合在一起。另取大盆，将全蛋液、白脱牛奶、香草、软化的黄油和柠檬汁打匀。

小手来参与

在很多烘焙食谱中，干性食材和湿性食材都会分开放置，到最后一步才混合。为什么要这样做呢？因为要确保液体加入后，面粉不会被搅拌过度，否则成品就会过硬。这份食谱的独特之处在于直接将糖加入面粉中进行混合。

5 取一半混合好的面粉拌入白脱牛奶混合物，搅拌均匀。将剩下的另一半干性食材倒入面糊，搅拌至面粉看不见。将奇亚籽轻轻地包裹进面糊，注意不要过度搅拌。

6 柠檬糖霜的制作参考步骤3，将糖和柠檬皮放在一起揉搓，直到糖色变黄，香味释出。

小手来参与

当孩子独立将面糊注入模具时，大人可在旁边辅助。每个模具大概放$\frac{3}{4}$满即可，如果有的模具装得太满，可以往外舀出一些面糊来。

7 在每个模具中注入$\frac{3}{4}$杯面糊（见第23页，如何用双勺法在模具中注入面糊）。在每个麦芬的顶部撒上少许柠檬糖霜。

8 烤15～25分钟，在12分钟后检查并旋转烤盘。麦芬烤好之后，顶部呈金黄色，可以在麦芬正中位置插入牙签检查内部，拔出后的牙签表面应是干净的。

9 把麦芬留在烤盘里散热5分钟，然后放到架子上彻底冷却。

材料

- → $1\frac{1}{2}$杯（180克）中筋粉
- → $\frac{1}{2}$杯（60克）全麦白面粉
- → 1汤匙（8克）泡打粉
- → $\frac{1}{2}$茶匙（约2.5克）盐
- → 6汤匙（84克）冷藏的无盐黄油，切片
- → 1杯（120克）刨成细丝的切达干酪
- → 1～3根香葱，洗净、理好、切细（连葱白葱绿，总量约$\frac{3}{4}$杯，即75克）
- → $\frac{1}{3}$杯（80毫升）白脱牛奶*

*白脱牛奶这种东西谁家会常备啊？反正我家没有！能用别的替代品吗？答案见第27页。

春季：咸味切达干酪香葱司康

咸味司康的配料口感软润、味道咸美，与炒蛋搭配堪称完美。

如果家里没有香葱也不碍事，用大葱代替就可以了。

成品数量：**8-12**个

工具

- → 量杯和量匙
- → 液体量杯
- → 大盆
- → 中盆
- → 干酪刨丝器
- → 烤盘
- → 吸油纸
- → 打蛋器
- → 刀（或长条刮刀）
- → 木匙（或硅胶刮刀）
- → 曲奇或饼干模具（可选）
- → 油粉混合器（或2把黄油刀，可选）

操作步骤

1 将烤箱预热至摄氏190度（或刻度5）。在烤盘里垫上吸油纸，放在一边待用。

2 取大盆，用打蛋器将面粉、泡打粉、盐打匀，加入黄油上下翻动，直到黄油完全被包裹。用油粉混合器（或2把黄油刀、手指尖）将黄油搓进面粉里，直至形成豌豆大小的颗粒状。不要过度搅拌。

小手来参与

孩子们可以在大人监督下擦干酪丝。让孩子弯曲手指拿住干酪，就像握刀的手势一样。提醒他们慢慢擦，以防受伤。当干酪变得太小而难以继续握紧时，让他们停下来，交由大人继续处理。

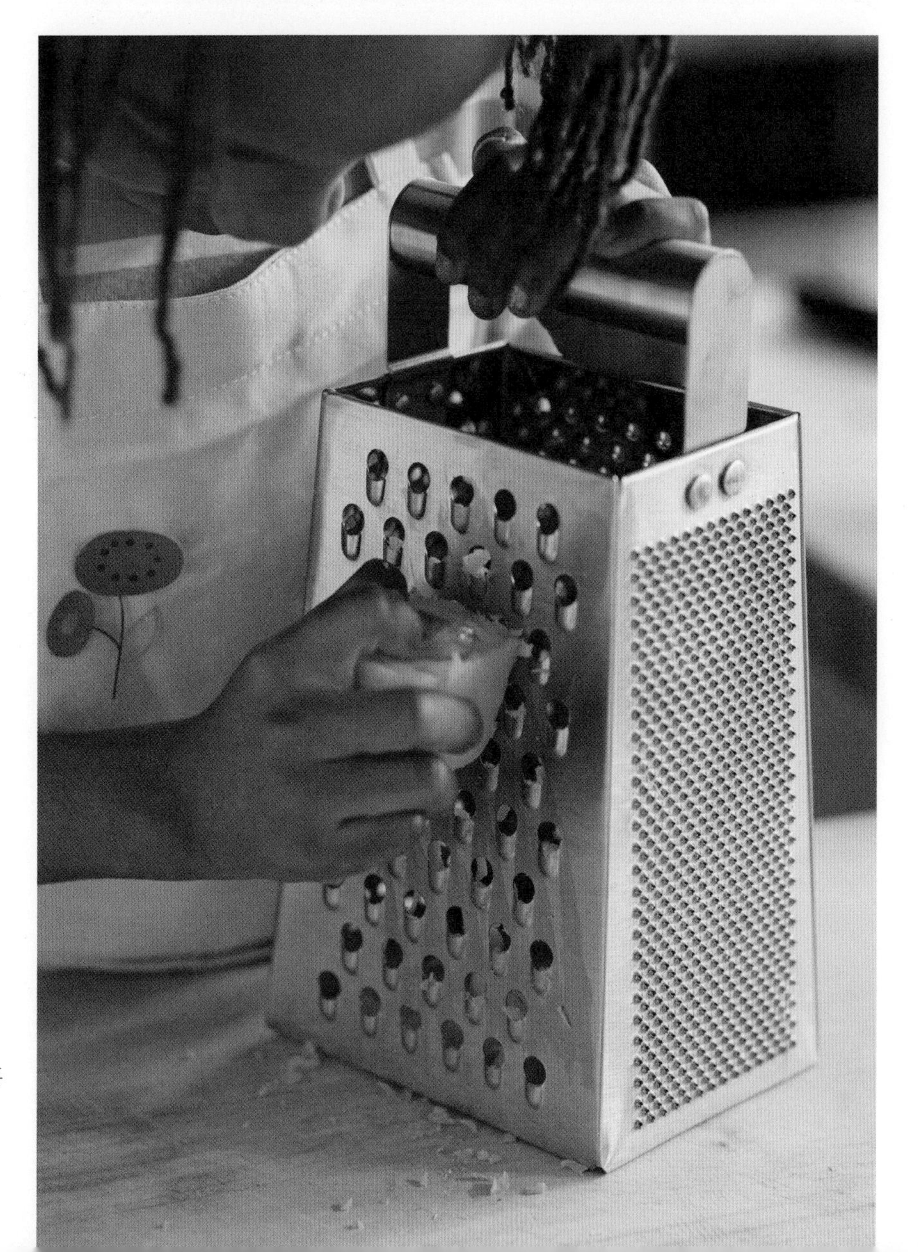

孩子可以帮着擦干酪丝，但动作一定要仔细，慢慢地来。

A
将面团压平，
捏出形状。

将司康放入烤箱烤至顶部呈金黄色。

3 轻轻摇匀切达干酪和香葱。加入白脱牛奶，搅拌至完全混合，但注意不要过度搅拌。

4 在操作台面上撒上少许干面粉，取出面团。

5 将面团压扁至约3.8厘米厚。（图A）将司康切割成三角形或正方形，也可以用曲奇或饼干模具进行切割。之后将边角料轻轻集拢，切出更多司康。注意，个头小的司康需要烤制的时间也更短。将司康摆在准备好的烤盘上。

6 烘烤15～20分钟，或烤至司康顶部呈金黄色。（图B）冷却5分钟，然后将司康移到准备好的碟子上。

小手来参与

孩子们很喜欢用模具切割面团，为了防止过度揉压面团，可以向孩子们演示如何用模具最大限度地切尽面团，以减少对面团的反复揉压。

材料

- 1 杯（145 克）新鲜或冷冻黑莓
- $1\frac{1}{4}$杯（150克）中筋粉
- $\frac{1}{2}$杯（60 克）全麦白面粉
- $\frac{1}{2}$杯（100 克）糖
- $1\frac{1}{2}$茶匙（约7.5克）泡打粉
- 1 茶匙（约5克）小苏打
- $\frac{1}{2}$茶匙（约2.5克）盐
- 1 块（$\frac{1}{2}$杯或112克）冷藏的无盐黄油，切成小块
- 2 茶匙（约10克）纯香草精华
- $\frac{1}{2}$杯（120 毫升）白脱牛奶*

做全蛋液需要：

- 1 个大鸡蛋，打散
- 1 汤匙（15 毫升）水
- 2 汤匙（24 克）糖用于撒在司康表面

*白脱牛奶这种东西谁家会常备啊？反正我家没有！能用别的替代品吗？答案见第27页。

夏季：黑莓司康

这款柔软油酥的司康与夏季最饱满多汁的黑莓堪称绝配。在烘焙过程中，酸甜的黑莓融化成温热浓稠的果馅。用这份小确幸来开启新的一天，真是太令人满足了。

成品数量：**8-12** 个

工具

- → 量杯和量匙
- → 液体量杯
- → 中盆
- → 2 个带沿烤盘
- → 托盘或能放进家中冰箱的烤盘
- → 吸油纸
- → 打蛋器
- → 刀（或长条刮刀）
- → 木匙（或硅胶刮刀）
- → 曲奇或饼干模具（可选）
- → 油粉混合器（或2把黄油刀，可选）
- → 刷子

用长条刮刀将黄油切成长条状。

操作步骤

1 将烤箱预热至摄氏190度（或刻度5）。在烤盘里垫上吸油纸，放在一边。如果用的是冷冻黑莓，直接跳到步骤3开始。

2 另取一个烤盘，在里面垫上吸油纸，将黑莓均匀地铺在上面。再将新鲜黑莓放入冰箱速冻约1小时，或冻至其变硬，以防其在面团里破裂。

3 取中盆，用打蛋器将面粉、糖、泡打粉、小苏打、盐打散。撒入切成小块的黄油块轻轻地摇匀，直至黄油块裹上面粉。用油粉混合器（或2把黄油刀、手指尖），将黄油搓入面糊，直至面糊变成颗粒状（图A），其间可见黄油小块。

用手指尖将黄油搓进面粉。

小手来参与

让孩子用2把黄油刀将黄油和面粉混合，或者直接用手指尖在面粉中将黄油搓碎。但要注意，不要过度搅拌面团或过度挤压面团，这会引起黄油升温，导致做出的司康太过密实坚硬。

4 将香草和白脱牛奶拌匀，再加入冷冻的黑莓，并搅拌至将它们包裹起来，注意动作要轻，以免弄碎黑莓（要是真的出现微微裂损，也不会有太大影响）。注意不要过度搅拌。

小手来参与

可以让孩子们帮着倒牛奶和搅拌，但是注意，不要过度搅拌面团！当面团里看不见干面粉时，就让孩子们停止搅拌。

5 在操作台面上轻轻撒上干面粉。

6 将面团放在操作台面上，压扁至3.8厘米左右厚。用长条刮刀将司康切割成三角形或正方形，也可以用曲奇或饼干模具进行切割（图B），切出司康的形状。将边角料轻轻集拢，切出更多司康。注意，个头小的司康需要烤制的时间也更短。

小手来参与

向孩子们演示如何将少量干面粉轻轻地撒在操作台面上。撒下的面粉看起来应该像是薄薄的一层粉雪，而不是暴雪后的场景。

7 将鸡蛋和水打匀成全蛋液。把司康放置在准备好的烤盘上。用刷子将蛋液刷在司康顶部，再将糖撒在司康上，烤15~20分钟，或烤至司康的外表呈金黄色。冷却5分钟，然后将司康移到托盘上。

用曲奇或饼干模具切出司康的形状，也可以用长条刮刀。

小手来参与

让孩子用曲奇或饼干模具切割面团。帮他们估算一次能切出几个司康，以防面团在此过程中被反复揉压。

材料

烤苹果需要：

→ 2个小苹果（红富士或其他适合做馅料的甜味苹果品种）
→ 1汤匙（12克）糖
→ $\frac{1}{2}$茶匙（约2.5克）磨碎的肉桂
→ 1个柠檬，磨碎皮

做司康面团需要：

→ 1杯（120克）中筋粉
→ $\frac{3}{4}$杯（90克）全麦白面粉
→ 4茶匙（约20克）泡打粉
→ $\frac{1}{4}$杯（50克）蔗糖
→ $\frac{1}{2}$茶匙（约2.5克）盐
→ 5汤匙（70克）冷藏的无盐黄油，切成小块
→ $\frac{3}{4}$杯（180毫升）白脱牛奶*

做全蛋液需要：

→ 1个大鸡蛋
→ 1汤匙（15毫升）水

→ 2汤匙（24克）糖，用于撒在司康表面

*白脱牛奶这种东西谁家会常备啊？反正我家没有！能用别的替代品吗？答案见第27页。

秋季：苹果派司康

这款司康集中了苹果派的油润口感与肉桂的甜香，是一道美味的早餐甜品。

成品数量：**8-12**个

工具

- → 量杯和量匙
- → 液体量杯
- → 大盆
- → 中盆
- → 细孔磨泥器
- → 2 个烤盘
- → 吸油纸
- → 削皮器
- → 刀（或长条刮刀）
- → 打蛋器
- → 木匙（或硅胶刮刀）
- → 曲奇或饼干模具（可选）
- → 油粉混合器（或2把黄油刀, 可选）
- → 刷子

苹果被烤过之后会变得焦而甜，并且能增加生苹果无法拥有的一层温暖气息。柠檬碎皮能带出苹果的果酸味，使风味达到美妙的平衡。

将苹果烤至边角呈淡金黄色。

操作步骤

1 将烤箱预热至摄氏200度（或刻度6）。在2个烤盘内垫上吸油纸，放在一边待用。

2 烤苹果的做法：将苹果削皮去核，切成边长约为1.3厘米的立方体小块。放在备好的烤盘中，与糖、肉桂、柠檬皮一起摇匀。放进烤箱烤约15分钟，直至边角呈淡金黄色（图A），再取出放至完全冷却。

小手来参与

孩子们可以帮着削苹果，但要记得提醒他们往逆着手的方向削。如果孩子年龄比较小，要替他们把苹果核去掉，再让他们把大块切成小块。用长条刮刀或黄油刀，孩子们可以很容易地将大块的削皮苹果切成小块。

3 先做司康面糊，取大盆，将面粉、泡打粉、糖、盐打散，加入切成小块的黄油上下翻动，直至黄油块全部被包裹上面粉。用油粉混合器（或2把黄油刀、手指尖）将黄油搓进面粉里，直至形成豌豆大小的颗粒状。将冷却的烤苹果轻轻拌入其中。

4 再往面糊里拌入白脱牛奶，轻轻搅拌至混合。注意不要过度混拌。

小手来参与

孩子们可以帮着倒牛奶和搅拌，但记得提醒他们，千万别过度搅拌面糊！告诉他们，如果看不见面粉，就可以停止搅拌了。

5 在操作台面上轻轻撒上一些干面粉。

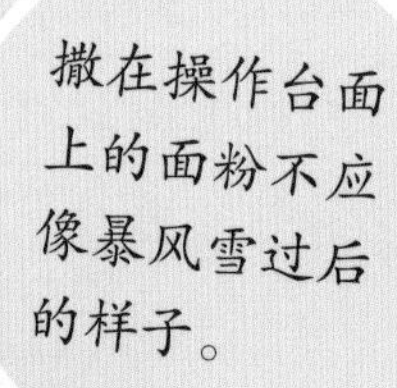
撒在操作台面上的面粉不应像暴风雪过后的样子。

小手来参与

教孩子在操作台面上撒干面粉。向孩子们演示如何将少量干面粉轻轻地撒在操作台面上。撒下的面粉看起来应该像是薄薄的一层粉雪，而不是暴雪后的场景。

6 将面团放在操作台面上。将面团压扁到3.8厘米厚。将司康切成三角形或正方形，也可以使用曲奇或饼干模具来切割。将边角料轻轻集拢，切出更多司康。注意，个头小的司康需要烤制的时间也更短。将司康放置在预备好的烤盘上。

小手来参与

如果让孩子使用曲奇或饼干模具，要帮他们估算一次能切出几个司康，以防面团在此过程中被反复揉压。

7 取中盆，将鸡蛋和水打匀成全蛋液。把司康放置在准备好的烤盘上。用刷子将蛋液刷在司康顶部（图B），再将糖撒在司康上，烤12～15分钟，或烤至司康的外表呈金黄色。冷却5分钟，然后将司康移到托盘上。

B
在司康顶部刷上蛋液。

材料

- 1 杯（120 克）中筋粉
- $\frac{3}{4}$杯（90 克）全麦蛋糕粉
- 4 茶匙（约20克）泡打粉
- $\frac{1}{4}$杯（50 克）糖
- 1个橙子，磨碎皮
- 少许盐
- 5 汤匙（70克）冷藏的无盐黄油，切成小块
- 2 ~ 3个橙子，榨成$\frac{1}{2}$杯（120 毫升）鲜榨橙汁（记得用上那个被擦碎皮的橙子）
- $\frac{1}{4}$杯（60 克）全脂酸奶
- $\frac{3}{4}$杯（120克）剥好的石榴籽

做全蛋液需要：

- 1 个大鸡蛋
- 1 汤匙（15 毫升）水

- 2 汤匙（24克）糖，用于撒在司康表面

冬季：香橙石榴司康

打开石榴盖儿，里面是满满的籽哦，看起来就像红宝石一样。

成品数量：**8-12** 个

工具

- → 量杯和量匙
- → 液体量杯
- → 大盆
- → 中盆
- → 小盆
- → 细孔磨泥器
- → 榨汁器
- → 烤盘
- → 吸油纸
- → 打蛋器
- → 刀（或长条刮刀）
- → 木匙（或胜胶刮刀）
- → 曲奇或饼干模具（可选）
- → 油粉混合器（或2把黄油刀，可选）
- → 刷子

孩子们喜欢帮着剥石榴，因为感觉好像在翻百宝箱。石榴又漂亮又美味，还具有非常好的抗氧化功效。把石榴和橙子这两款冬季水果结合在一起，堪称美味创意。

操作步骤

1 预热烤箱至摄氏200度（或刻度6）。在烤盘里垫上吸油纸，放在一边待用。

2 取大盆，将面粉、泡打粉、糖、橙皮、盐打散。加入切成小块的黄油并翻拨摇晃，直至黄油完全包裹在面粉里。（图A）用油粉混合器（或2把黄油刀、手指尖）将黄油搓碎在面粉里，直至形成豌豆大小的颗粒状。倒入橙汁和酸奶，搅拌至混合。

轻轻地掰开石榴，
就像掀开百宝箱的
盖子。

剥石榴籽

掰石榴时，先沿着石榴的中线对切开，用盆接住流下的红色汁水，再用手对掰开两半石榴（石榴汁沾在衣服和台面上很难洗净，所以要记得穿上围裙，用盆接着）。然后用手指轻轻地将石榴籽从白色的内膜中取下。只要用一丁点儿力气，石榴籽就会掉下来。

3 在操作台面上撒少许干面粉，取出面团。将面团压扁成约1.3厘米厚的长方体，然后平均切成3块。在第一块面团里倒上$\frac{1}{4}$杯（40克）石榴籽，在石榴籽上盖上第二块面团，将另$\frac{1}{4}$杯（40克）石榴籽倒在第二层面团上，并压入面团。最后将第三块面团盖在最上方，并将剩下的$\frac{1}{4}$杯（40克）石榴籽点缀在其表面。

小手来参与

让孩子把石榴籽均匀地撒在面团上，归拢面团后，让孩子轻轻地将三层面团压在一起。

4 将司康切成三角形或正方形，也可以使用曲奇或饼干模具来切割。将边角料轻轻集拢，切出更多司康。注意，个头小的司康需要烤制的时间也更短。将司康放在备好的烤盘上。

小手来参与

让孩子帮着切司康。可以用长条刮刀在面团上划出切割标记线，保证每个司康的大小均匀。

5 将鸡蛋和水打匀成全蛋液。把司康放置在准备好的烤盘上。用刷子将蛋液刷在司康顶部，再将糖撒在司康上，烤15～20分钟，或烤至司康的外表呈金黄色。冷却5分钟，然后将司康移到托盘上。

材料

- 1$\frac{1}{2}$杯（180克）中筋粉
- $\frac{1}{2}$杯（60克）全麦白面粉
- 1$\frac{1}{2}$汤匙（12克）泡打粉
- 1 茶匙（约5克）粗盐
- 1 条（$\frac{1}{2}$杯或112克）冷藏的无盐黄油，切成小块
- 1 杯（235 毫升）全脂奶

工具

- 量杯和量匙
- 液体量杯
- 中盆
- 烤盘
- 吸油纸
- 打蛋器
- 长条刮刀
- 木匙（或硅胶刮刀）
- 油粉混合器（或2把黄油刀，可选）

滴面软饼

这款饼干轻巧而酥脆，既可搭配成丰盛的早餐，也可以与樱桃果酱一起食用(见第154页)。这款饼干的制作很简单，而且由于是采用滴面的方法，也不会出现食材浪费。

成品数量：**8-10** 块

如果黄油看起来太软，可将它放入冰箱冷冻5分钟再继续制作。

操作步骤

1 将烤箱预热至摄氏200度（或刻度6）。在烤盘里垫上吸油纸，放在一边待用。

2 取中盆，将面粉、泡打粉、盐打散，放入黄油轻轻翻滚，直至黄油块被面粉完全包裹。

3 用油粉混合器（或2把黄油刀、手指尖）将黄油搓进面粉里，直至形成豌豆大小的颗粒状，不要过度搅拌。放进冰箱冷冻5分钟。

小手来参与

孩子拌面团时，大人得在一边看着，因为孩子喜欢用手指挤压面团，这会导致面团升温，并且很可能被过度搅拌，以致成品饼干的口感太过硬实。

4 往面团里加入牛奶搅拌至完全混合，但注意不要过度搅拌。

5 用2把汤匙舀出约$\frac{1}{4}$杯（60克）面团，呈小丘状放在烤盘上。烤18～20分钟，或者烤至面团表面呈金黄色。冷却约5分钟，然后将成品转放到托盘上。

用双勺法舀面团
(见第23页)。

单元 5

面包和点心

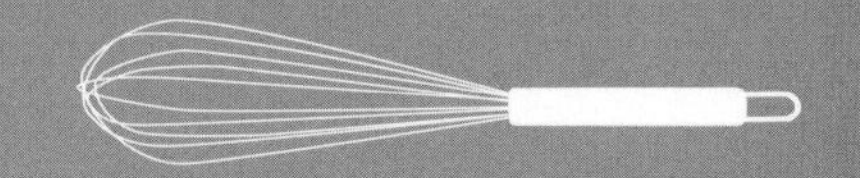

本单元食谱

面包

→ 活力苏打面包
→ 简易法式长棍

点心

→ 蜂蜜芥末纽结饼
→ 脆皮干酪泡芙
→ 切达干酪方饼干
→ 酥脆橄榄油饼干
→ 养生全麦饼干

为什么从零开始？

自制的面包、纽结饼、饼干不仅味道比店里卖的好，还体现了更多的烹饪价值。烘焙面包和点心是教育孩子的绝佳机会，可以让他们知道平时爱吃的那些成品糕点并不是天上掉下来的，而都是在厨房里做出来的。另外，制作的过程也是趣味多多。

对于各年龄段的人来说，烤面包都是一个神奇的过程，充满着烤箱里飘出的新鲜面包香味的家几乎没人能拒绝。活力苏打面包（第66页）是非常好的新手食谱，从头到尾不用1小时就能做好。这款美味的面包最好在烤热后抹上一点儿黄油吃。简易法式长棍（第70页）不像苏打面包那样可以现做现吃，不过，用这款面包来教孩子怎样提前做安排是最好不过的。晚上睡觉前拌好食材，隔天起床，就会看到面团神奇地发酵成了两倍大。

本单元的点心食谱不仅味道出色，而且制作过程也是锻炼孩子启用各种感官能力的有趣运动。与其买玩具面团让孩子捏，不如让他们帮着一起做饼干。在晚餐桌上设一个“切饼干台”，大人做晚餐时，让孩子自己动手切割出饼干的造型，然后放进烤盘。大一点的孩子可以帮着和面，弟弟妹妹可以用模具切割饼干。过程很愉快，结果很享受！不妨一次做好双份的面团，然后分出一半在冰箱里冷冻，这样下雨天孩子在家也不会无聊。酥脆橄榄油饼干（第88页）是最“大度”的点心，为什么这么说呢？因为你可以把做其他糕点剩下的边角料收集起来做这款饼干，而且质量并不会打折。

关于加工食品的几句唠叨

你是否留意过大多数包装食品的配料表？硝酸硫胺？核黄素？这些配料不仅念着拗口，也是廉价加工技术的代名词。因为研磨的过程造成了面粉大部分营养素的流失，所以才需要添加这些人工合成的维生素。（记住，我们这里谈的食品配料可都是打着营养旗号的！）除了这些可疑的配料之外，多数商店出售的食物还含有大量的钠。自己动手做饼干，让你得以自行把握家人消费盐的量，只要留心别让孩子在自制食品上撒太多盐就是了。另一方面，如果感觉某些建议不适用于你和家人，那么采用之前也要多留个心。

你会发现本单元几乎所有的食谱都涉及了全麦白面粉。全麦白面粉不仅能提升这些小吃的营养价值，而且也让味道更为浓厚。全麦面粉的坚果风味与烘焙食品的焦香彼此烘托，用来做饼干最合适不过。不管是质地还是口味，全麦白面粉都比全麦面粉更柔和，并且在大多数食品店有售。所以，预热好烤箱，准备动手吧！

材料

- → $2\frac{1}{4}$杯（300 克）未漂白的中筋粉
- → $1\frac{1}{4}$杯（150克）全麦白面粉
- → 2 茶匙（约10克）盐
- → 2 茶匙（约10克）小苏打
- → $1\frac{1}{2}$杯（355 毫升）白脱牛奶*，另加$\frac{1}{4}$杯（60 毫升）用于刷涂

工具

- → 量杯和量匙
- → 液体量杯
- → 大盆
- → 带沿烤盘
- → 吸油纸
- → 打蛋器
- → 木匙
- → 锯齿刀
- → 刷子

*白脱牛奶这种东西谁家会常备啊？反正我家没有。能用别的替代品吗？答案见第27页。

活力苏打面包

这是一款非常棒的入门级面包，准备工作简单，只需要用到一个盆，1小时以内就能从头到尾轻松搞定。

成品数量：1 个

苏打面包口感美味又活力满分，当作早餐的话，和吐司有的一拼哦，用来蘸炖菜汁和汤汁也是一流的。这款面包的质地和酵母发酵的三明治面包不同。为了增加风味，可以注入个人色彩，让孩子们从食品柜里找些坚果、籽类或葡萄干拌进去吧！

用拳头在面粉里掏出凹坑。

可选添加物

- 葵花籽、葛缕子（藏茴香）、奇亚籽、芝麻、南瓜籽，可拌入面团或撒在表面。
- 葡萄干或蔓越莓干，可拌入面团。

先在干物中加入这些配料，再加入白脱牛奶，也可以在送入烤箱前撒在面包上。

操作步骤

1 预热烤箱至摄氏230度（或刻度8），在烤盘里铺上吸油纸，放在一边待用。

2 取大盆，将面粉、盐、小苏打搅拌在一起。

3 将拳头放进面糊中间，轻轻旋转，掏出一个小凹坑。（图A）倒入$1\frac{1}{2}$杯（355毫升）白脱牛奶，用勺子搅拌，直至面团结成球状。

4 取出面团，放在撒有干面粉的台面上稍揉一下，整理归拢。（图B）面团的手感应是发黏而柔软的，但又不会粘手。如果粘手，洗手擦干后在手上拍少许干面粉，然后再将面团揉出形状。

切割时，刀在面团里切入的深度约为三分之二。

小手来参与

让孩子帮着用木匙搅拌面团，然后把面团拿到撒有干面粉的台面上，稍事整理。如果面团太黏不好摆弄，就再加一点干面粉。为了不让现场过于凌乱，等面团不发黏了再让孩子来帮忙揉出形状。

5 把面团揉成圆形块状，放在准备好的烤盘上。用锯齿刀在面团表面切割出X形。（图C）注意，切割的深度是面团厚度的$\frac{2}{3}$。用刷子将剩余的$\frac{1}{4}$杯（60毫升）白脱牛奶刷在整个面团上。

小手来参与

告诉孩子，给面团刷白脱牛奶就和画画差不多。画画时，画笔上不能蘸太多颜料，刷面包时道理也一样。我们的目标是在面团上均匀地刷上一层白脱牛奶。

6 将面团在烤箱中层放置15分钟，再将温度调低至摄氏200度（或刻度6），旋转烤盘。再烤25～30分钟，或者烤至外表呈深金黄色，敲击底部会发出空心的声音。冷却20～30分钟，再把面包放到托盘上。

材料

- → $3\frac{1}{3}$杯（400克）未漂白的中筋粉
- → 2 杯（240克）全麦白面粉
- → $2\frac{1}{2}$茶匙（约12.5克）盐
- → 1袋活性干酵母（或$2\frac{1}{4}$茶匙，约11.25克）
- → 2 杯（470 毫升）温水
- → 菜籽油（或其他味道清淡的油）

简易法式长棍

用最普通的面粉、水、盐和酵母，凑在一起完成一次华丽变身。

成品数量：3 根

工具

- → 量杯和量匙
- → 液体量杯
- → 大盆
- → 木匙
- → 硅胶刮刀
- → 刷子
- → 保鲜膜
- → 长条刮刀
- → 餐巾（或薄纱棉布）
- → 烘焙石（或带深沿的烤盘）
- → 带沿的烤盘（或烧烤盘）
- → 锯齿刀

法式长棍面包能给家里带来曼妙的香气和可口的美味。周五或周六晚餐后，和孩子们一起动手做，第二天的午餐时分，就有新鲜出炉的长棍面包吃啦！

将所有材料搅拌在一起。

操作步骤

1 前一天晚上先在大盆里放入面粉、盐、酵母和水，并搅拌至充分混合。（图A）不要加盖，静置5分钟。

2 用刮刀将面团转移到撒有干面粉的操作台面上，揉搓大约2分钟。（图B）这时，面团手感会变得平滑柔软，轻微发黏。如果面团太黏，加些许干面粉，再揉搓一两分钟。

揉搓面团，让其产生面筋，使面团膨胀。

在盆里刷上薄薄的一层油，让面团更容易膨胀，同时避免其粘在盆上。

小手来参与

孩子们可以帮着用刷子来刷油。在把面团放入盆之前，仔细检查，确保盆的每个地方都被刷到了。

3 清洗并烘干用来混合面团的盆，在盆的整个内侧刷上薄薄的一层油。（图C）在盆里放入面团，用保鲜膜盖住。将盆放进冰箱，冷藏过夜。

4 第二天，在计划烤面包的2小时之前，将面团从冰箱里取出，在操作台面上轻轻撒上干面粉，放上面团。用刮刀将面团分为3份。（图D）把每份面团轻轻压成长方形，长的一边靠近自己。

5 将靠近自己的长边卷向面团中线（图E），然后将面团旋转180度，让另一条长边对着自己，重复刚才的动作，把面团向中线对折，盖住前一条长边卷过来的接缝，再把接缝捏紧实。

6 把面团翻过来，来回揉搓滚动，将两头搓细成棍子的形状，长度约为38厘米。（图F）其他2份面团也如法炮制。之后把做好的面团挪到撒有干面粉的餐巾或薄纱棉布上，每条间隔12.5厘米。可以把间隔处的布折出褶皱，以分隔每条面团，这会有效防止面团塌陷，从而使成品保持圆柱形外观。用保鲜膜轻轻盖上，在室温下发酵约$1\frac{1}{2}$小时，或者发酵至面团体积增加到之前的$1\frac{1}{2}$倍。

7 在烤之前的45分钟至1小时，在家中烤箱的中低层架子上放一块烘焙石或一个倒扣的烤盘。预热烤箱至摄氏250度（或刻度10），或者将家中烤箱调至最高温度。在最下层的架子上放一个带沿烤盘或烧烤盘。

将面团分为3份。

将靠近自己的长边卷向面团中线。

来回滚动，将面团的两头搓细成棍子的形状。

8 做好这些准备工作后，用锯齿刀在面团的顶部割出45度的纹路，深度约为1.3厘米。把面团小心地挪到预热好的烘焙石或倒扣的烤盘上。在烤箱最下层架着的烤盘上倒1杯（235毫升）温水。把烤箱温度调低到摄氏230度（或刻度8）。

小手来参与

操作步骤7和步骤8时，让孩子保持一定距离进行观察。因为刀很锋利，烤盘很烫手！在把面团送进热烤箱时，动作必须要很快，注意不要让孩子站的位置挡住你的行动路线。

小手来参与

在把面团的接缝压紧时，可以让孩子来帮忙。搓棍子的步骤也可以让孩子参与。但是要注意，为了防止面团塌陷，在处理面团时，要告诉孩子用力既要坚决又要轻柔，可以演示给他们看。

9 总共需烤25～30分钟。烤到中途时，将烤盘转个方向。当表皮呈金黄色，敲击底部有空心声时，就表示烤好了。也可以在面包中间插入温度计，用其内部温度来判断成熟度，内部温度应为摄氏93度。

10 现在最难的步骤到啦！你必须等到面包凉了才可以切开享用。大概要等45分钟哦。

材料

做纽结饼需要：

- → 2 杯（470 毫升）温水
- → 2 汤匙（30 毫升）蜂蜜
- → 1 袋活性干酵母（或$2\frac{1}{4}$茶匙，约11.25克）
- → 2 杯（240克）全麦白面粉
- → 1 汤匙（18克）盐
- → 1 茶匙（约5克）干芥末粉
- → 4 杯（480克）未漂白的中筋粉
- → 2 茶匙（约10克）植物油（或其他味道清淡的油）

做蜂蜜芥末刷液需要：

- → 1 个大鸡蛋黄
- → 3 汤匙（45 毫升）蜂蜜
- → 1 汤匙（11克）第戎芥末酱
- → 1 茶匙（约5克）干芥末粉

- → 粗海盐或纽结饼专用盐

蜂蜜芥末纽结饼

这款纽结饼口味特别接近常在购物中心出售的商品。

成品数量：13 个

工具

- → 量杯和量匙
- → 液体量杯
- → 大盆
- → 小盆
- → 木匙
- → 保鲜膜
- → 2个带沿的烤盘
- → 吸油纸
- → 刷子
- → 长条刮刀

我就着这份食谱试过无数次，也试吃过其他人的作品，最后得出结论：烤之前略过传统的用小苏打浸泡面团的步骤，可以更好地带出蜂蜜芥末的微妙滋味，并且，很重要的是，做起来也更简单了！大人们可以趁热用纽结饼蘸芥末吃，孩子们可以蘸蜂蜜调味的甜芥末吃。

在温水中激活酵母。

操作步骤

1 在大盆里倒入温水和蜂蜜。撒入酵母，轻轻搅拌，静置10分钟，直至酵母出现泡沫。（图A）

小手来参与

对孩子们来说，发酵是一个好玩的科学实验。我喜欢在休息间隙，用傻乎乎的故事来向孩子们解释酵母发酵的原理（虽说这算不上正式的科学解释）。酵母是活物，其实就是一种菌，处于干燥环境中时，酵母就像是在“沉睡”。我们用温水让酵母苏醒，就像给它洗热水澡。加入面粉后，酵母“大口吞吃”着面粉，因为这是它的最爱！这时它会释放出气体（就像我们吃多了会打嗝一样），面团里就出现了气泡，同时面团会变得松软膨胀。面包里的气泡其实就是酵母“打嗝”打出的气！说到这儿，大概就有人开始讲打嗝的笑话，逗得大家笑趴了。

搅拌材料，直至面团变得蓬松。面团发黏了就不用再加面粉了。

将面团扭出一个圈，两边长条对着自己。

2 在酵母混合物里加入1杯（120克）全麦白面粉、盐和干芥末粉，用木匙搅拌至混合。再把剩下的1杯（120克）全麦白面粉加入，拌匀。（图B）用杯子舀入未漂白的中筋面粉，直至面团凝成球状，手感发黏。这时要注意加入面粉的量——加面粉的目的是让面团达到揉面的条件。将面团放在撒有干面粉的操作台面上，将搅拌盆打湿，便于稍后清洗。揉面大约5分钟，或者揉至面团顺滑有弹性。清洗搅拌盆，用毛巾擦干。在盆内涂上薄薄的一层油。

3 将面团放进涂上了油的盆里，转动面团直至所有表面都沾上薄薄的一层油。用保鲜膜盖住盆（我更喜欢用盘子代替保鲜膜来盖盆，减少塑料的使用），在温暖处静置约1小时，或者放至面团的体积翻倍为止。

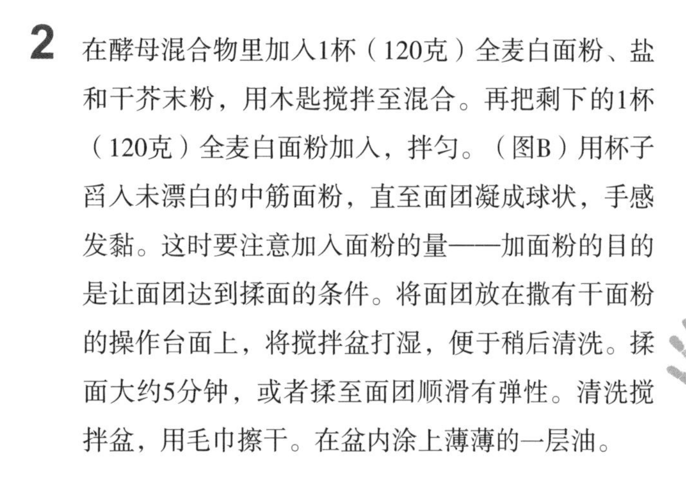

小手来参与

将面团切成小块，给每个孩子分一块，让他们学习揉面，这样每个人手上都有面团可以玩。比起整个大面团，小块面团更适合孩子们的小手。给孩子们准备一碗干面粉，当面团变得太黏时，就让他们在手上抹点干面粉。

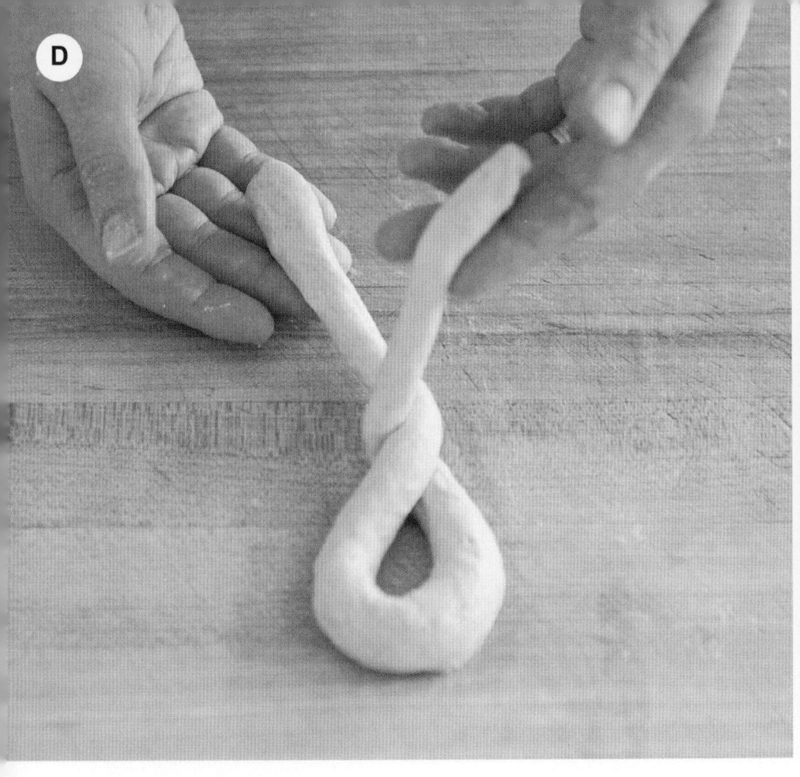

在圆圈底部扭出两个结。

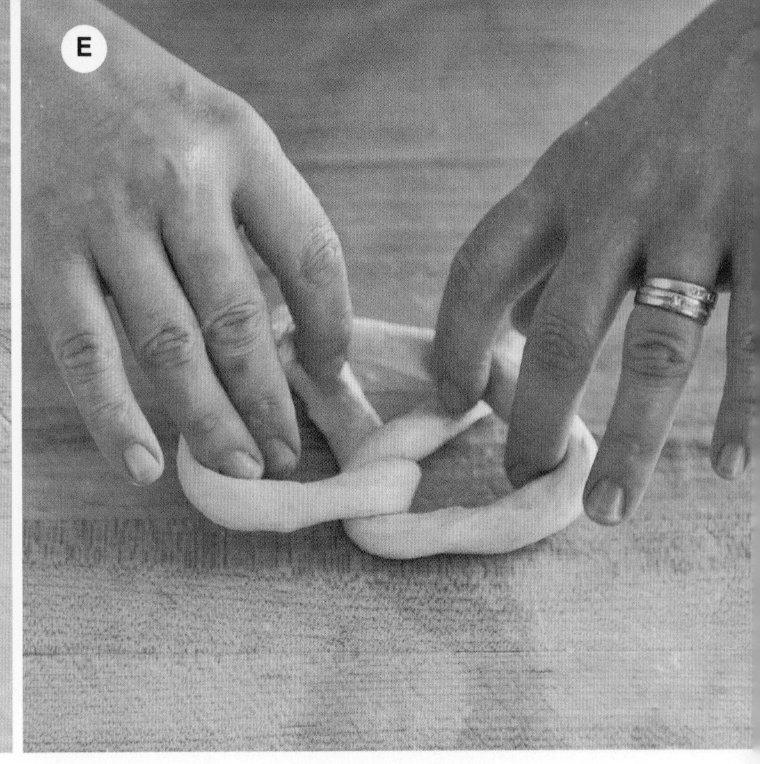

把圆圈转过来对着自己，将两条尾巴盘在圆圈底部。

4 预热烤箱至摄氏230度（或刻度8）。在2个烤盘里垫上吸油纸，放在一边待用。捶打面团，然后把它放到撒有干面粉的操作台面上，稍微揉几下，再将面团分成13小块（如果用秤计量的话，每块大约是70克）。

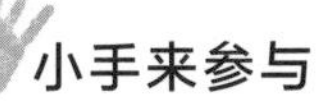

小手来参与

在这个步骤中，孩子们可以用长条刮刀帮着切面团。大人先从面团上切下一块作示范，放在孩子们面前，让他们把自己切的和大人切的作比较。鼓励他们根据大人示范的面团来判断自己切的大小是否合适，尽量不要找大人问答案。通过这样的方式，孩子们的独立决定能力得到了锻炼，自信心也随之建立。

5 抹干净操作台面上多余的面粉。揉面团时，如果台面上面粉太多，面团就会滑来滑去，所以要让台面保持一定的表面张力。将每块面团揉成45.7厘米的长条，再将每一长条扭成双圈造型（详见图C－E步骤），然后放到待用的烤盘上，用餐巾盖好，继续做剩下的面团，每个面团之间留出5厘米的距离。静置约15分钟，直至面团轻微膨胀。

小手来参与

把面团搓成长条对孩子来说比较难，所以可由大人先把面团粗略地搓成条，再交给孩子搓细。盘双圈的过程可能得演示好几遍，孩子们才会看明白！

6 在小盆里放入所有刷液材料，充分搅拌成蜂蜜芥末刷液。用刷子在面包上均匀地上色，最后撒上盐粒。（图F）

7 烤12～15分钟，或者烤至面团表面呈金黄色。在铁架上冷却至少15分钟。纽结饼的口感在制作当天最好，但如果无遮盖地置于室温下，放两天也没有问题。不要储存在加盖的容器里，面包会发潮。

蜂蜜芥末酱

这款酱是纽结饼的经典搭配。

成品数量：$\frac{1}{4}$杯（60毫升），可搭配 **5** 个纽结饼

材料

- → $\frac{1}{4}$杯（60毫升）蜂蜜
- → 2汤匙（22克）第戎芥末酱

工具

- → 量杯和量匙
- → 小盆
- → 打蛋器（或餐叉）

1 取小盆，将蜂蜜和芥末充分搅拌。注意调料的选择，不同的芥末辣味程度不同。针对儿童的味觉，可多加一些蜂蜜以平衡芥末的辛辣。

F

材料

- 1杯（235毫升）水
- 1条（$\frac{1}{2}$杯或112克）无盐黄油
- 2茶匙（约10克）盐
- 1茶匙（约5克）糖
- 1杯（120克）未漂白的中筋粉
- $1\frac{1}{2}$杯（180克）磨碎的切达干酪，另备$\frac{1}{4}$杯（30克）用于点缀
- $\frac{1}{4}$杯（25克）磨碎的帕尔马干酪
- $\frac{1}{4}$茶匙（约1.25克）红甜椒粉
- 5个大鸡蛋

做全蛋液需要：

- 1个大鸡蛋
- 1汤匙（15毫升）水

脆皮干酪泡芙

这款泡芙可不是家常型的，不仅味道好吃而且品相高级。作为法式糕点，它的正式名字叫作“pâte à choux”。你可以选择不在面团中加入干酪和红甜椒粉，而是把它当作奶油卷泡芙的饼皮。下次举办家宴时，邀请孩子和你一起试试这款简单又美味的点心吧！

成品数量：约 50 个

工具

- → 量杯和量匙
- → 中盆
- → 小盆
- → 干酪刨丝器
- → 2个带沿烤盘
- → 吸油纸
- → 厚底锅
- → 木匙
- → 裱花袋和直径1.3厘米的裱花嘴
- → 刷子
- → 中号深平底锅

小手来参与

做这款点心时，涉及炉灶的步骤应由大人操办，孩子在一旁观察。可以让孩子帮着做量取食材、磨碎干酪的工作，做完了可以让他们站在椅子上看大人在炉灶上搅拌食材。

煮沸食材后，立即将锅从炉灶上移开。

操作步骤

1 预热烤箱至摄氏190度（或刻度5）。在2个烤盘里垫上吸油纸，放在一边待用。

小手来参与

孩子们可以帮着将干酪磨碎，但是要确保他们明白，用来磨干酪的工具不是玩具，操作不小心的话可能会受伤！放慢磨干酪的动作可大大降低擦伤手指的可能性。让孩子们知道干酪块磨得越小时越危险，应即时将干酪交给大人处理。磨干酪时孩子们往往会很兴奋，有些孩子会嘎吱嘎吱地压干酪玩。这时可以教他们如何把干酪均匀地铺开，避免积成一坨坨的。

2 将电磁炉开到中高温，取中号深平底锅，混合水、黄油、盐、糖。煮沸混合物后，立即将锅从炉灶上移开。用木匙把面粉加入锅里，连续搅拌，直至将材料混合均匀。将锅移回中高温的电磁炉上，边煮边搅拌约5分钟，直至混合物不再粘连锅边且底部凝结。（图A）

3 将锅从热炉灶上移开，并将混合好的面团转放至中盆里。加入约$1\frac{1}{2}$杯（180克）切达干酪、帕尔马干酪、红甜椒粉。用木匙将其搅拌至完全混合，然后冷却3～5分钟。

小手来参与

孩子们可以帮着往面团里加鸡蛋，先把每个鸡蛋敲开放在单独的小碗里，然后逐个加入面团中，一次加一个。在盆里手动打蛋有难度，就算对大人来说也是如此，所以可以让大人把蛋打得差不多了再把盆交给孩子让他们打完最后的几下，然后再依次往面团里加入更多鸡蛋。

4 在面团里一次加入一个鸡蛋，每次加入后用力地打蛋，直至前一个鸡蛋被完全打散后，再加入下一个鸡蛋。（图B）

5 制作全蛋液时，取小盆，用打蛋器将蛋和水打散。

6 将面糊倒入带直径为1.3厘米圆嘴的裱花袋中（图C），并在烤盘上挤出直径约为3.8厘米的泡芙，每个间距约2.5厘米。（图D）给每个泡芙刷上步骤5制作的蛋液，并将剩下的30克切达干酪逐一撒上。（图E）或者也可用双勺法来分出每个泡芙（见第23页）。

不用时，可以把裱花袋放在量杯或其他容器里。

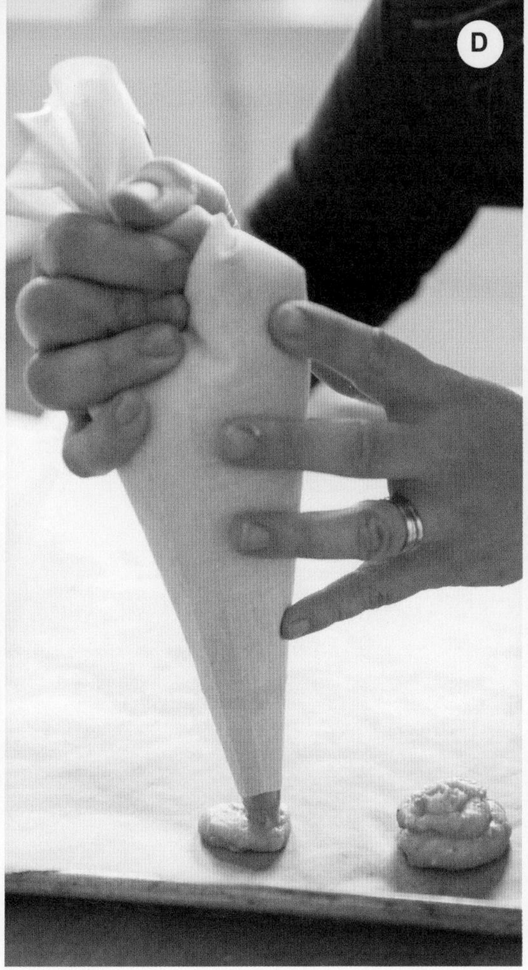

以手腕转圈的动作将面糊挤在烤盘上。

在每个泡芙表面撒上干酪丝。

7 开始烘烤，需烤20～25分钟，中途要旋转烤盘方向。烤至泡芙呈金黄色，从烤箱里轻轻取出泡芙，动作要轻，因为泡芙容易塌陷。掰开一个，查看内部烤熟程度。如果冒出很多蒸汽，就再烤几分钟。烤得恰到好处的泡芙里面是空心的，稍带湿度，外面则微微发脆。烤完马上装盘食用，因为从烤箱里刚取出来的干酪泡芙是最美味的。

小手来参与

可以向孩子演示怎样做出大小均匀的干酪泡芙。不过孩子可能更喜欢刷蛋液和撒奶酪丝。保证每个泡芙大小相当是很重要的，这样才能确保烤熟程度相同。

材料

- $\frac{3}{4}$杯（90克）全麦白面粉
- $\frac{1}{8}$茶匙（约0.625克）大蒜粉
- $\frac{1}{4}$茶匙（约1.25克）盐，另备稍多盐撒于表面
- 4 汤匙（56 克）无盐黄油，切成小块并冷藏
- $1\frac{1}{2}$杯（180克）粗磨的切达干酪
- 1 ~ 2 汤匙（15 ~ 30 毫升）冷牛奶

切达干酪方饼干

自制手工点心最令人惊叹的地方在于味道出奇地好，而食材用得却出奇地节省。

成品数量：约 75 块

工具

- → 量杯和量匙
- → 中盆
- → 干酪刨丝器
- → 打蛋器
- → 油粉混合器（或2把黄油刀，可选）
- → 木匙
- → 保鲜膜
- → 2个烤盘
- → 吸油纸
- → 木砧板
- → 擀面杖
- → 竹签
- → 长条刮刀（披萨切刀）
- → 曲奇或饼干模具（可选）

做这款饼干时，一定要用品质较高的黄油和干酪，因为这款糕点的食材基本就这两种！当然你也可以使用你喜欢的半干奶酪替代。我想如果你使用格鲁耶尔（Gruyère）干酪来制作，将会给这款饼干带来画龙点睛的效果。

小手来参与

孩子特别喜欢量取食材。如果你先向他们演示如何操作，之后你可能会被他们严阵以待的样子惊叹到！（见第20页，正确量取的技巧）。

操作步骤

1 预热烤箱至摄氏180度（或刻度4）。

2 取中盆，用打蛋器打散面粉、大蒜粉和盐。

3 在面粉混合物里轻轻揉搓黄油小块和干酪。（图A）用油粉混合器（或2把黄油刀、手指尖）将黄油和干酪压入面粉，混合物最后看起来应该像是湿沙子，其中依稀可见均匀的黄油粒和切达干酪粒。注意不要过度搅拌，否则做出来的饼干会变得太硬。

用手指尖把黄油和干酪搓入面粉。

每次加入1汤匙(15毫升)牛奶。

开工前先整理好操作台。检查曲奇或饼干模具、面粉、烤盘等是否都方便拿取。

4 牛奶每次加入1汤匙（15毫升），搅拌。（图B）面团的湿度应该恰到好处，可以让面团粘拢成球状。面团可能会看起来非常疏松，但加入干酪后面团会黏起来。稍微揉几下，将散落的边角料团拢。用保鲜膜将面团包起来，放进冰箱冷藏15～20分钟。

5 整理好操作台。（图C）给2个烤盘垫上吸油纸。为每个做饼干的人准备好一块木砧板（如在餐桌上操作则用塑料垫也行）、一小碗干面粉、一支擀面杖、一支竹签，另外再备好曲奇或饼干模板和长条刮刀。在操作台上撒一层薄薄的干面粉。把面团掰成高尔夫球大小的面块，再把每块擀成约3毫米厚的正方片。（图D）如果面团粘在操作台上，用长条刮刀铲下来即可。

将面团擀成面皮，面团可能会有些容易碎。

小手来参与

擀面片对于孩子来说可能有难度。但你可以掰下一块面团让他们揉着玩，同时你自己接着擀面片。

用曲奇或饼干模具切割出饼干造型。

操作提示

用保鲜膜包裹饼干面团有助于冷冻。如要在冰箱里存放面团供日后使用，可先将面团对切开，压扁成方块，再用保鲜膜包裹两层。在需要烤制的当天取出，解冻2～3小时，再开始照着食谱操作。

6 用长条刮刀（或披萨切刀）在面团上划出13.8厘米见方的形状，把边角料轻轻推到台面角落待用。用长条刮刀铲起饼干，放在烤盘上。用竹签钝的一头在每块饼干的中心位置戳个洞。（图F）如果有些饼干弄碎了，也没关系。在饼干上撒少许盐粒，然后放进烤箱。

用竹签钝的一头在饼干上戳洞。

小手来参与

虽说把饼干切成正方形效率会更高，但让孩子们用模具把饼干切成造型不一、可以一口吃掉的小块会更有趣。（图E）孩子们手拿模具，会自然地从面团的正中心开始切割。这时，可以向他们演示如何从边角开始切，以便更完整地使用面团。可以来个小竞赛，看看谁能从揉好的面团里切出最多的饼干。归拢剩下的边角料重新揉一揉，可以做出更多饼干来。这也是个练习数数的好机会哦！

7 将饼干烤制12～15分钟，中途旋转烤盘，调换烤架。当边角和底部呈金黄色时，饼干就烤好了。从烤箱中取出烤盘，放在架子上晾凉。将饼干放进密封的罐子里，可以保存好几天，当然前提是没有被立即瓜分光！

材料

- 2 杯（240克）未漂白的中筋粉
- 1 杯（120 克）全麦白面粉
- 1 茶匙（约5克）盐，另备稍多盐撒于表面
- 1 杯（235 毫升）温水
- $\frac{1}{3}$杯（80 毫升）初榨橄榄油，另备稍多用于表面涂刷

酥脆橄榄油饼干

这款饼干准备起来很方便，面团也不“娇气”——切下来的边角料可以反复揉搓，以做出更多的饼干。不论是单吃还是蘸上鹰嘴豆泥，或是掰碎了撒在汤里，都很美味！

成品数量：约 150 块

工具

- → 量杯和量匙
- → 液体量杯
- → 大盆
- → 打蛋器
- → 木匙
- → 保鲜膜
- → 烤盘
- → 吸油纸
- → 擀面杖
- → 曲奇或饼干模具（可选，如果有的话会更有趣)
- → 披萨切刀
- → 长条刮刀
- → 竹签（或叉子）

将食材搅拌至面团成球。

操作步骤

1 取大盆，将面粉和盐搅拌在一起。

2 加入水和橄榄油，用木匙搅拌，直至面团成球。（图A）

小手来参与

这款食谱非常适合孩子的烘焙入门，因为从头到尾难度都不高。我曾经把4岁的孩子两两分组，教他们搅拌面团制作这款饼干。唯一要注意的是，要保证面团擀得够薄，这点可以由大人来帮着掌握。

小手来参与

在实施步骤1和步骤2的过程中，可以让孩子帮着量取食材和搅拌面团。将面团揉成球，按需加入面粉，调整到可以擀的程度。再把面团切成小块，给孩子们每人发一块揉着玩，这样大家就都有机会接触面团了。比起整块面团，孩子们更容易驾驭小块面团。给孩子们准备一碗干面粉，告诉他们如果面团太粘手了就在手上抹点面粉。这个办法可以防止孩子们添加过量的面粉，导致面团变得干硬。

揉面团。可以把面团分成小块，给孩子们每人发一块。

用擀面杖将面团擀薄。

小手来参与

大一点的孩子可以自己把面团擀成食谱中所描述规格的薄片，小一点的孩子会觉得切面团更好玩。也就是说，应该尽量让孩子们都能参与到擀面的工作当中，或者至少让他们擀到力所能及的厚度，再交给大人继续加工。

3 集拢所有的边角料，团成一团后放在撒有干面粉的台面上，继续揉约5分钟，直至面团顺滑。（图B）

4 在面团外层涂上薄薄的一层橄榄油，再用保鲜膜包好，静置约30分钟。

5 预热烤箱至摄氏230度（或刻度8）。在烤盘里垫上吸油纸。

6 每次取$\frac{1}{4}$的面团，用擀面杖将面团擀至厚度为3毫米。（图C）

在大人的监督下，用披萨切刀切饼干。

7 用饼干模具或披萨切刀在面团上切割出喜欢的饼干造型。（图D）如果用的是披萨切刀，就切成5厘米见方的小片。如果想做更大或更小的饼干，要注意调整烤制的时间。把饼干放在备好的烤盘上，刷上一层薄薄的橄榄油，再撒上盐粒。

小手来参与

孩子们可以帮着在饼干上撒盐粒。在往即将烤制的饼干上撒盐粒时，将手对着饼干举高，这有助于将盐撒得均匀，避免出现某块饼干特别咸，某块饼干则完全没咸味的结果。孩子们会情不自禁地多撒盐，这是因为他们不知道盐多的坏处。告诉孩子，食物撒多了盐就不好吃了。

8 用竹签或牙签在每块饼干上戳几个洞，以释放蒸汽。

小手来参与

孩子们很喜欢在饼干上戳洞。为了防止他们在饼干上戳太多洞导致饼干裂开，限定他们在每块饼干上戳洞的数量，一般来说每块饼干上2～5个洞都是可以的。

9 烤10～12分钟，或者烤至饼干边角轻微发黄。将饼干取出放在冷却架上彻底晾凉。饼干冷却后，吃起来就脆了。

加入香料可以制作不同口味的饼干。

其他风味

美味香料饼干

加入1汤匙个人最爱的混合碎香料，如迷迭香、百里香、鼠尾草、欧芹等。如果想换换口味，碎龙蒿和香葱也不错。

梅红饼干

取3根甜菜煮软，削皮后用小型食物料理机或搅拌机打成泥，搅拌过程中可视需求加入少量水。之后在加水的甜菜泥中拌入面粉。如果面团太黏，可能需要多加一点面粉。虽说甜菜的风味并不浓烈，但它能带来丝丝甜味，以及充满活力的梅红色！

在水油混合物里加入甜菜泥，做出梅红色的饼干。

材料

- → $1\frac{1}{4}$杯（150克）全麦白面粉
- → $\frac{1}{2}$杯（120克）散装黄糖
- → $\frac{1}{2}$茶匙（约2.5克）小苏打
- → $\frac{1}{2}$茶匙（约2.5克）盐
- → 4 汤匙（56克）无盐黄油，切成小块并冷藏
- → 3 汤匙（45 毫升）蜂蜜
- → 3 汤匙（45 毫升）全脂奶
- → 2 茶匙（约10克）香草精华

做肉桂糖霜需要：

- → 3 汤匙（36克）糖粒
- → $1\frac{1}{2}$茶匙（约7.5克）肉桂粉

养生全麦饼干

商店里卖的好还是家里做的好？试试这款全麦饼干，你的味蕾自会得出答案。配上冷牛奶，这是一份绝佳的点心；配上烤棉花糖，那就好吃得停不下来！

成品数量：约 25 块

工具

- → 量杯和量匙
- → 液体量杯
- → 大盆
- → 小盆
- → 打蛋器
- → 保鲜膜
- → 长条刮刀
- → 木匙
- → 带盖的广口瓶
- → 擀面杖
- → 披萨切刀
- → 曲奇或饼干模具(可选，如果有的话会更有趣)
- → 竹签
- → 烤盘
- → 吸油纸

操作步骤

1 取大盆，混合面粉、黄糖、苏打粉、盐，用打蛋器将它们打至均匀。加入黄油，在面粉中翻滚至黄油被面粉混合物包裹。用手指把黄油搓进面粉里，直至混合物看起来像是湿沙子，其中分布着可见的黄油粒。（图A）

2 另取一个小盆，搅拌蜂蜜、牛奶和香草。（图B）将混合物倒入面粉黄油混合物中，搅拌至均匀。这时面团会很软。取一张大保鲜膜，展开并撒一层薄薄的面粉，然后将面团放在保鲜膜上揉成长方体。将面团完全包裹起来，再冷藏2小时或过夜，让面团变硬。

加入湿性食材之前，面粉黄油混合物看起来应该像是湿沙子。

搅拌湿性食材。

3 在广口瓶里放入做肉桂糖霜需要的材料，摇晃至均匀，以备撒在饼干上。（图C）

小手来参与

这个步骤十分适合由孩子自主完成。唯一要注意的是，如果瓶子是玻璃做的，要确保孩子别在摇晃过程中把瓶子摔碎。

4 取出冷藏的面团，分成两半，将其中一半再放回冰箱。在操作台面上撒上一层薄薄的干面粉，把面团擀成约3毫米厚的面饼。（图D）如果面团开始发黏，可能需要备好长条刮刀和更多的干面粉。（图E）

5 用长条刮刀（或披萨切刀）将面饼切成边长为6.4厘米的方块。（图F）

6 将烤架位置调到高层和低层，并预热烤箱至摄氏180度（或刻度4）。在烤盘上垫好吸油纸。

小手来参与

先做一块饼干的样品，给孩子在戳洞时做参考。这款饼干的可爱之处在于每块饼干都比较相似，所以可以给孩子定个小目标：让所有饼干都一个样！

用瓶子摇匀肉桂粉和糖。没有瓶子的话用碗也行。

C

因为面饼底部发黏，所以擀之前在台面上撒一些干面粉。

D

用长条刮刀来铲起发黏的面饼。

E

用长条刮刀把面饼切成方形。

小手来参与

因为面团很黏，可以先由自己擀成面饼，再让孩子来切割。

7 把饼干放在备好的烤盘上，在饼干上撒肉桂糖粉。用竹签钝的一头在每块饼干上戳6个洞（排成2行或3行）。（图G）第二个面团也如法炮制（或冷冻起来供日后使用）。最后，将边角料集拢成一个球，冷藏至变硬，然后再擀。

小手来参与

让孩子帮着在饼干上撒肉桂糖粉。如果孩子对动手撒盐很兴奋，那么我敢打赌他们对撒糖的热情一定更高。在待烤的饼干上撒糖粉时，记得将手举高，这样糖粉才会均匀地分布在饼干上。

8 烤制10分钟后检查一下饼干，并旋转烤盘。视需要可再烤2分钟。待饼干变成褐色，碰触时手感微微发硬就表示烤好了。在冷却的过程中它们会继续变松脆。

单元 6

可口的甜品

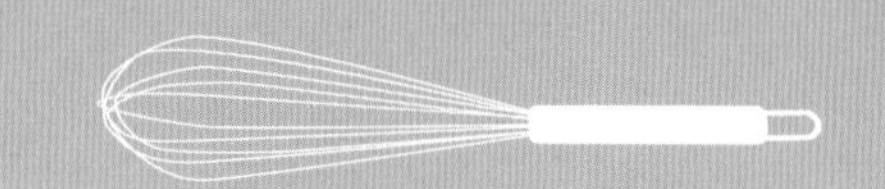

本单元食谱

- → “外婆乐”派皮
- → 迷你手工派
- → 自制掼奶油
- → 无面粉牛奶巧克力蛋糕
- → 简易迷你芝士蛋糕

甜品甜品人人爱！

没有什么比有饭后甜品款待更让人心满意足的了。在这一单元，你会看到适合众人的各款甜品的做法，有巧克力甜品、冷冻甜品，还有果味热甜品。

这里介绍的多款甜品都可以预先做好准备，或至少预先完成若干步骤，这样可以避免因需要同时完成繁杂的步骤而给你带来压力。例如，在计划做派的一周之前，就可以准备好迷你派的派皮（见第 100 页），因为派皮可以很容易地冷冻起来。只要事先稍微做点准备，你的孩子就可以开心地参与甜品制作了。

想做无麸质的甜品？

虽然本书中针对特殊饮食要求的配方不太多，但这一单元的好几款甜点要么本来就不含麦麸，要么就是可以很容易地去掉麦麸。做纯巧克力蛋糕或芝士蛋糕时可以去掉全麦饼皮，或者可以用腌制水果和掼奶油来装饰涂抹在派上。这样一来，席间如果有不吃麸质食品的客人，尤其是小朋友，他们就不会在上甜品时感觉被孤立了。

材料

- $\frac{3}{4}$杯（90克）中筋粉
- $\frac{1}{4}$杯（30克）全麦白面粉
- $\frac{1}{2}$茶匙（约2.5克）盐
- 1条（$\frac{1}{2}$杯，或112克）冷藏的无盐黄油
- 3汤匙（45毫升）冰水，视需要使用

工具

- 量杯和量匙
- 液体量杯
- 中盆
- 打蛋器
- 长条刮刀
- 木匙
- 油粉混合器（或2把黄油刀，可选）
- 保鲜膜
- 擀面杖

“外婆乐”派皮

论做派皮，我的外婆可是家里当之无愧的女王。她做的派个个松脆，从不会硬邦邦的。秘诀是什么呢？我和姐姐认为就是 “外婆的手”，因为外婆是个十分慈祥温柔的人，她揉面团时总是那么轻柔。

成品数量：足够做出 **4-5** 个迷你派或 **1** 个9寸（23厘米）派的派皮

做这款派皮时，我尽量学着外婆的手法，努力避免在搅拌面团时过度搅拌。虽然外婆在配方中选用菜籽油，我却偏爱全黄油口味，再加上一点全麦面粉以增加营养。如果想把派做得松脆，就要确保所有食材的温度足够低。

这款派皮十分百搭，搭配咸甜馅料都很可口，比如本单元介绍的迷你派，还有咸味派和猪肉派。虽然我从没给外婆做过这款派皮，但我一直相信，她如果尝过一定会留下深刻的印象。

小手来参与

这一小诀窍是我在饭店工作时从其他厨师那里学来的。为了避免在手工处理黄油时导致黄油升温软化，可以用长条刮刀来切黄油。向孩子演示如何把黄油纵向切成4块，然后码成一堆，继续纵向切4刀。之后把块切成条，再码成方块，横向切出均匀的小块。注意，相对于将黄油切成豌豆大小，把黄油切得大小均匀更重要。

操作步骤

1. 取中盆，将面粉和盐混在一起，放在一边待用。
2. 用长条刮刀把黄油切成豌豆大小的小块（图A），装进盘子中，并放进冰箱冷冻5分钟。
3. 在液体量杯里注入冷水，放入冰块，放在一边待用。

用长条刮刀将黄油切成小块。

在面粉里摇晃翻拨黄油块。

用指尖将面粉搓进黄油。

可以在面团里加水了。

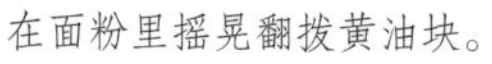

4 等黄油冻冷了，就可以加入面粉混合，用木匙或干净的手轻轻翻动。（图B）如果黄油块还是粘在一起，就用手指轻轻搓开（图C），把黄油搓入面粉。

小手来参与

你可以先不用急着将黄油搓碎到面粉里。向孩子们示范如何晃动面粉，让每块黄油都包裹上面粉，然后再进行下一步。

5 用油粉混合器（或2把黄油刀、手指尖）把黄油轻轻地搓入面粉，直至混合物看起来像是湿沙子，里面分布着黄油碎粒。（图D）注意不要过度搅拌。

6 往油粉混合物里加入冰水，一次加1汤匙(15毫升)，搅拌。再加入2汤匙（30毫升）后，尝试把面团揉成球状。（图E）如果面团粘在一起，就说明水分充足。如果面团还是很松散，不成型，就再加一点水。面团成型后，在操作台面上铺一张保鲜膜，把面团放在保鲜膜上，再用保鲜膜紧紧包住面团。（图F）将包好的面团放入冰箱冷藏至少1小时或直至冻好可用。

小手来参与

在杯子里加入冰块以冷却水，但告诉孩子备好的水并不一定都要用光。把水盛在杯子里更便于每次量取1汤匙（15毫升）的量。我自己教课的时候，经常看到有孩子"哐"一声把量杯里的水全部倒进盆里，这样一来他们的面团就会变得滑溜溜的，特别难以继续制作。

将面团聚拢，揉成球状。

操作提示

饼皮可以预先做好，并在冰箱里存放好几个月。使用之前把面团从冷冻层取出，在室温中放置1～2小时解冻，或者移到冷藏层解冻1天。在冷藏层里，面团的新鲜度可以保持3～4天。

用保鲜膜包紧面团放进冰箱。

材料

做馅料需要：

- → 1 杯（145克）草莓或其他莓果，切成边长1.3 厘米的小块
- → 1个柠檬，磨碎皮
- → 1 汤匙（12克）糖

做全蛋液需要：

- → 1 个鸡蛋
- → 1 汤匙（15 毫升）水

- → 1份“外婆乐”派皮（见第100页），冷冻保存
- → 面粉
- → 糖，用于撒在表面

迷你手工派

我个人觉得，做这些迷你派比制作9寸大小的派皮要有趣多了。这些派不需要太长的烤制时间，所以如果想要制作一款简单快速的甜品，这真是再合适不过了。而且，如果预先做好面团放进冰箱，制作过程还会更快！

成品数量：4-5 个

工具

- → 量杯和量匙
- → 2个小盆
- → 细孔磨泥器
- → 木匙
- → 餐叉（或打蛋器）
- → 擀面杖
- → 长条刮刀
- → 烤盘
- → 吸油纸
- → 直径9厘米的广口瓶的盖子或圆形的饼干模具
- → 刷子
- → 锋利的削皮刀

这里用的馅料是春夏季的莓果，到了秋冬，完全可以换成切块的苹果或梨子，甚至是拌了意大利乳清干酪的切块南瓜。如果用冷冻水果，一定要先解冻，去除多余的水分，然后再继续操作。

操作步骤

1 预热烤箱至摄氏180度（或刻度4）。

小手来参与

孩子可以很容易地学会用黄油刀切草莓。而黑莓、蔓越莓、蓝莓可以整粒使用。孩子磨柠檬皮时一定要仔细，注意别伤了手！

切草莓制作馅料。

什么是腌制?

腌制是指在切块的水果里加糖以渍出部分果汁，让果肉更加多汁漂亮。试试在冰淇淋上放上腌制水果来替代你最爱的糖浆，让饮食更健康些。

2 制作馅料时，将所有食材放进小盆里搅拌，腌制（软化）5分钟。（图A）

3 在另一个小盆里用叉子或打蛋器将蛋和水搅拌成全蛋液，放在一边待用。

4 擀派皮之前，在操作台面上多撒些干面粉。木质的操作台或大砧板都很适合用来擀面做派皮，其他干净平整的操作台也可以。擀面杖上也抹点干面粉。

A

将所有做馅料的材料混合在一起。

小手来参与

向孩子示范如何在操作台上撒干面粉。做这款派时，台面上需要均匀地撒上较多的干面粉。手把手地教孩子怎样将干面粉撒在台面上。别让孩子把面粉撒成一坨坨的小山。

5 用擀面杖压扁面团，直至3毫米厚。（图B）每次来回滚擀面杖的同时，将面皮旋转90度，努力擀出圆形的面皮。如果面皮粘在操作台上，用长条刮刀轻轻铲起。视需要加入少许干面粉以防止面团变得太黏。

6 在烤盘里垫上吸油纸，放在一边，然后开始切出派的形状。用广口瓶的盖子切出圆形面饼，放进烤盘。（图C）如果面团的温度变高，可以放进冰箱冷藏或冷冻几分钟。剩余的边角料可以团起来继续擀。整块面团应该可以做8 ~ 10个圆饼。将其中半数圆饼擀得比剩下半数更薄更大些（擀到圆饼尺寸足够盖住包裹的馅料），大约直径11.5厘米。这些圆饼皮会被用来做派的顶部。

小手来参与

切一半面团给孩子。对于初学擀面的孩子来说，用小块面团来擀面皮会更简单。

蛋液能起到封住饼皮边沿的作用。

用勺子将馅料舀到下饼皮上。

小手来参与

为防止过度揉擀面团，可以玩一点小游戏。孩子们往往会拿着饼干模具对准面团中间位置开始切割，这样切不了几个圆饼就得把剩余的边角重新揉擀。可以来一个“比比谁能在面团里切出最多圆饼”的比赛，孩子们可以用饼干模具在面团表面轻轻压出凹痕，用这个办法来告诉你他们可以切割出的数量。对于年幼的孩子，这也是个锻炼数数的好机会呢。

7 做好包馅料的准备工作后，取出蛋液和馅料。用刷子蘸少量蛋液刷在面团的表面。（图D）在下饼皮中间放2汤匙（30克）馅料，然后取上饼皮盖住。（图E）轻轻地在馅料周围压出空气，并合拢边角。（图F）用餐叉的齿压拢边角以密封，并压出漂亮的造型。剩余的饼皮也如法炮制。

用上饼皮盖住馅料并轻轻合拢边角。

小手来参与

让孩子帮着舀馅料，并用餐叉密封饼皮。注意拿餐叉操作时不要用力过猛把饼皮扎破。

8 在派的顶部刷上蛋液，撒上糖粒。（图G）用锋利的削皮刀扎出5个小出气孔，让烤制时的蒸汽能从孔里释放。把做好的派放进冰箱，冷冻10分钟，然后再放进烤箱。

9 烤15～20分钟，或者烤至派的顶部和底部均呈现金黄色。由于果料是湿的，一定要烤至金黄色，饼皮才会干爽酥脆。趁热加一坨掼奶油（见第110页）就上桌吧！

小手来参与

孩子们可以帮着刷蛋液。注意，刷子在碗里沾上蛋液后，要停留片刻，让多余的蛋液滴下，这样馅饼上的蛋液才不会刷得过多。孩子们还可以帮着撒糖，但要注意撒的时候，手要和派尽量拉开距离，这样的话糖才能撒得均匀。

材料

- $\frac{1}{4}$杯（60 毫升）用于打发的厚奶油
- 1 茶匙（约5克）糖
- $\frac{1}{4}$茶匙（约1.25克）香草精华

工具

- 量匙
- 液体量杯
- 中盆
- 打蛋器
- 硅胶刮刀

自制掼奶油

自制掼奶油的甜味美妙轻柔，味道比商店里卖的罐装掼奶油美味得多。另外，其实都不怎么需要“掼”，你就能自制好的掼奶油了！

成品数量：4 人份

操作步骤

1 将所有食材放进搅拌盆搅拌。开始的时候动作要慢，防止溅出。奶油变厚后，就可以加快动作了。打奶油之前将打蛋器和盆先冷冻，这样可以加快打发的进程。

小手来参与

打奶油是个恼人的体力活吗？也不是，让兄弟姐妹比赛打奶油，这个活动就会变得有趣又有爱了。把奶油分成两盆，让孩子们一人一盆打至奶油松软细腻。

2 将奶油打至足够细腻和松软。当拎起打蛋器，奶油保持形状不会变形倒下时就算成功了。

将奶油打至足够细腻。

材料

- → $1\frac{1}{2}$条（$\frac{3}{4}$杯，或168克）无盐黄油（留着包装纸给锅底抹油用）
- → 2 杯（350克）高品质牛奶巧克力块（或切碎的牛奶巧克力）
- → 6个蛋
- → $\frac{1}{4}$杯（50 克）糖
- → 2 茶匙（约10克）纯香草精华

无面粉牛奶巧克力蛋糕

这款蛋糕美味又香滑，如果要做成无麸质的甜品，它堪称绝佳选择。松软的质地源于充分打发的蛋清，所以可别在这个步骤上偷懒哦。

成品数量：8-10 人份

工具

- → 量杯和量匙
- → 9寸（23厘米）蛋糕模具
- → 中号炖锅（或汤锅）
- → 3个中盆，其中1个需能放进中号炖锅
- → 长条刮刀
- → 打蛋器
- → 硅胶刮刀

这款蛋糕从烤箱里取出后，会先膨胀，然后快速塌陷，出现这种现象是正常的！这款食谱需要用到好几个盆，但如果你只有 2 个盆，可以把熔化的巧克力和黄油混合物倒入一个小盆里冷却。

操作步骤

1 预热烤箱至摄氏180度（或刻度4）。用黄油包装纸擦拭蛋糕模具。（图A）

用黄油包装纸抹模具。

隔水炖。

小手来参与

孩子们可以用黄油包装纸擦拭锅底，但要注意擦拭的时候要抹遍整个锅底。

2 在炖锅里加入2.5厘米高的水，用中火加热。把切成块的黄油和巧克力放进能架在炖锅上的盆里。（图B）水开始滚时，把盆架在炖锅上，让黄油和巧克力慢慢融化，这种方法叫作隔水炖。

小手来参与

让孩子们用长条刮刀把黄油切成小块。

打散的蛋清让蛋糕的质感更加柔软。

3 在黄油和巧克力融化的过程中，将蛋黄蛋清分开，把蛋清和蛋黄分别装进盆里。当巧克力融化到75%的时候，把锅从炉灶上移开。已经融化的巧克力会用其热量融化剩余的混合物。将混合物搅拌均匀后放在一边。

小手来参与

帮孩子把蛋黄蛋清分好。蛋清里只要出现一丁点蛋黄，就会很难打发泡。

将蛋清轻轻拌入面糊。

4 在蛋清盆和蛋黄盆里分别加入2汤匙（25克）糖。把蛋黄打到淡黄色并开始变稠，加入香草继续搅拌。再加入巧克力混合物，充分打匀。

小手来参与

让孩子量取糖，倒入每个盆里。

5 用干净的打蛋器打发蛋清，直至打成发泡。（图C）用硅胶刮刀将$\frac{1}{3}$的蛋清轻轻拌入巧克力面糊。（图D）轻轻地拌入剩下的蛋清，注意留住蛋清里的空气（见第25页，详细了解该手法）。

小手来参与

和打发奶油一样（见第111页），打蛋清也可以进行比赛。可以让孩子们轮流上，这样就不会累了。打蛋清之前，还可以先做做拉伸肩膀的运动！

6 把面糊倒入准备好的模具里。（图E）在中层烤架上烤20～30分钟。烤到20分钟时开始检查烤制程度，每3分钟查看一次。可以在蛋糕中间位置插入牙签，或黄油刀，如果拔出来的牙签或刀身上粘着湿润的颗粒，就说明烤好了。（图F）小心别烤过头，因为这款蛋糕烤糊了就会失去香滑口感。烤完后配上掼奶油（见第110页）就能上桌了。

用硅胶刮刀将面糊刮进模具。

牙签上粘着湿润颗粒时，就可从烤箱里取出蛋糕了。

材料

做全麦饼干底托需要：

- → 1 杯（120 克）全麦饼干屑（约是第94页养生全麦饼干$\frac{1}{2}$的量，或13片6.5厘米×6.5厘米的饼干）
- → 2 汤匙（28克）融化的无盐黄油
- → 1 汤匙（12克）糖

做芝士蛋糕馅料需要：

- → 1 杯（230 克）奶油芝士
- → $\frac{1}{4}$ 杯（50克）糖
- → 1 个大鸡蛋
- → $\frac{1}{2}$ 茶匙（约2.5克）纯香草精华
- → 1个柠檬，磨碎皮（可选）
- → $\frac{1}{3}$ 杯（80 毫升）奶油（或全脂奶，也可以是二者的混合物）

- → 腌制的水果馅料（见第106页，或温热的巧克力酱，可选）

简易迷你芝士蛋糕

用这款可口的小点心来结束一餐饭或一顿晚宴，是再完美不过的了。轻柔又香滑的馅料搭配醇厚有颗粒感的饼底，最好再加上腌制水果或热巧克力酱，简直太美妙了。如果有时间的话，你也可以自己烤制用来做底托的全麦饼干哦（见第94页）。

成品数量：9 个

所需工具

- → 量杯和量匙
- → 小盆
- → 细孔磨泥器
- → 标准的12杯麦芬模具
- → 麦芬纸托
- → 木匙
- → 打蛋器
- → 硅胶刮刀
- → 烤盘
- → 茶壶（或水瓶）
- → 保鲜膜

搅拌做底托的材料。

磨饼干屑

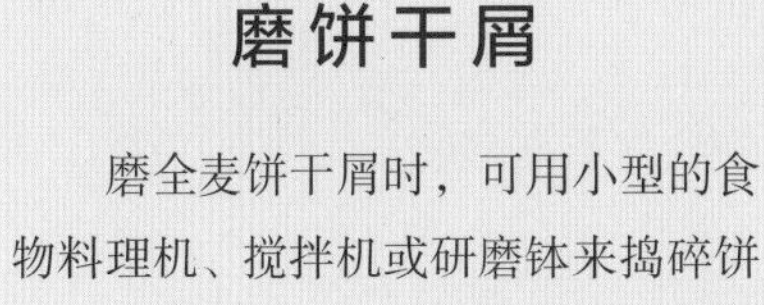

磨全麦饼干屑时，可用小型的食物料理机、搅拌机或研磨钵来捣碎饼干。注意：饼干不要磨得太细，而是要保留一些颗粒感。如果没有上述工具，也可以用搅拌盆和砧板来磨。每次磨约$\frac{1}{4}$杯（30克），用搅拌盆来回碾压堆在砧板上的全麦饼干碎片，磨成屑后装入盆里，再接着磨剩余的碎饼干。

操作步骤

1 预热烤箱至摄氏180度（或刻度4），在9个麦芬模具里垫上麦芬纸托。

2 做全麦饼干底托时，在盆里加入磨碎的饼干、黄油、糖，搅匀。（图A）把混合物均分在麦芬纸托里，每个纸托舀入2满汤匙（25克），并在纸托里压实至3毫米厚。（图B）如果有饼干屑放不平整也没关系。将饼干底托烤10分钟，在第5分钟时旋转烤盘并查看。烤好后放至完全冷却。

在麦芬纸托中将饼屑底托压实。

如果使用自制全麦饼干作衬托

确保饼干底托的中间部分呈琥珀色，外圈颜色较深但没到深褐色的程度。在把底托放进烤箱前先观察其颜色，因为烤熟的底托所需的烤制时间略有不同，在烤制的过程中可能会需要缩短时间以防底托烤焦。

小手来参与

让孩子们帮着搅拌饼干屑，然后把它们压入纸托。注意饼干屑要均匀而紧实地塞进麦芬纸托的底部。

3 把烤箱温度调低至摄氏170度（或刻度3）。开始制作芝士蛋糕的馅，用木匙搅拌芝士蛋糕的馅料（图C），再用打蛋器将奶油芝士打发至轻柔松软。加入糖并彻底搅拌，再加入鸡蛋、香草、柠檬皮、奶油，搅拌至混合物全部变得轻柔松软。视需要可用硅胶刮刀刮一下盆沿。

搅拌芝士蛋糕的馅料。

小手来参与

大人搅拌奶油芝士时，可以让孩子们磨柠檬皮，但要小心别弄伤手。

4 在9个麦芬纸托里均匀地加入馅料（图D），只需注入一半即可（见第23页，如何用双勺法往纸托中注入馅料）。在烤箱底层放置烤盘。在烤箱中层放置麦芬纸托。用茶壶或任何带嘴的水瓶在烤盘里注水至半满。

5 约烤15分钟，或者烤至蛋糕中间部分刚好烤熟。取出烤盘（关掉烤箱电源并让注水的烤盘完全冷却，然后再取出），待蛋糕冷却后，用保鲜膜包住放进冰箱冷藏约2小时。吃之前打开保鲜膜，轻轻地撕去麦芬纸托。可以在蛋糕顶部加上各种配料。

小手来参与

操作步骤4和步骤5时，让孩子们站在安全距离以外观察，在开关烤箱门时要特别注意，别让孩子太靠近。

用勺子将芝士面糊注入纸托。

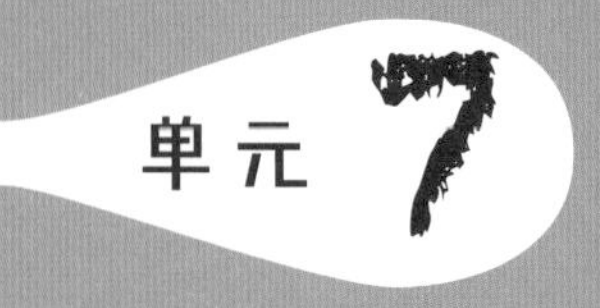

派对美食：如何策划好玩的烘焙主题派对

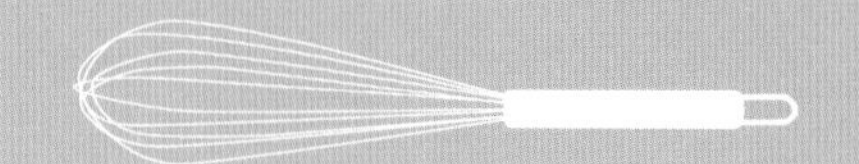

本单元食谱

饼干烘焙派对

- → 花生果酱曲奇
- → 巧克力豆曲奇
- → 思尼克涂鸦饼干

披萨派对

- → 披萨面团
- → 纯手工番茄酱
- → 单人份披萨

纸杯蛋糕派对

- → 香草纸杯蛋糕
- → 简易奶油糖霜
- → 装饰纸杯蛋糕

亲爱的，生日快乐！

烘焙主题派对让每个人享受动手的乐趣，孩子们可以在派对上吃到自己做的食物！

这一单元的派对食谱的分量相对来说变小了。和一大群孩子一起玩烘焙的诀窍是让每个孩子都有活干，但是也要注意控制食物的量，避免最后浪费食物。可以视参与的食客人数来调整孩子们参与烘焙的食物的分量。

给烘焙派对主人的温馨提士

客人数量控制在 10 人以内

如果打算招待更多的客人，最好把客人分成两组，每组不超过 10 人。自己在厨房里带领一组孩子劳动，让其他大人带领另一组孩子在别的房间或室外活动，然后调换。第一次组织烘焙主题的生日派对时，孩子的人数最好控制在 4 ~ 6 人。人数再多的话，对于不习惯带领大群孩子玩烘焙的大人来说，压力就会比较大。这项活动应该让每个参与者觉得开心，包括大人在内！

做好准备

把所有需要的材料和工具放在便于拿取的地方。

两人一组

这一单元食谱的分量比较小，适合孩子们两人一组进行操作。除非你想让客人把吃剩的食物打包回家，否则烘焙的量只要够孩子们和家长品尝就好了。

食物过敏和忌口

确保提前掌握客人们的食物过敏与忌口的情况。

寻求帮助

请两位家长一起帮忙。孩子和大人的比例最好是 4:1。

编游戏歌曲

如果出现重复的步骤且花的时间比较多，不妨就此编个游戏。例如，打蛋时可以举行比赛，揉面时可以唱自创的歌曲，这样时间就很容易度过了。孩子在操作某项任务时很容易觉得乏味，有了这些游戏和歌曲，完成任务就变得有意思多了。

让家长们多带些盆和勺

大多数家庭的厨房里都不会有七八个搅拌盆，让客人们自己带些盆和勺过来。

饼干食谱

花生果酱曲奇
巧克力豆曲奇
思尼克涂鸦饼干

派对最佳规模

4 ~ 6个8岁以上的孩子

游戏设计

每个任务由2 ~ 3人完成
每组制作一批同样的饼干
或分别制作不同花色的饼干

饼干烘焙派对

有不喜欢做饼干的小朋友吗？我是没见过呢。饼干派对绝对是每个人的狂欢节。

成品数量：**5-7** 块饼干/人

这里给大家介绍 3 款又好玩又好吃的饼干食谱。在这个派对上，我建议 1 个大人带领 6 个孩子做 1 款饼干。如果想多做几款不同的饼干，就把孩子分成 2 人一组，由 1 个大人带领 1 组孩子做 1 款饼干。

饼干派对提示

- 食材要保持常温。派对开始前1小时从冰箱里取出黄油和鸡蛋。常温食材比较容易搅拌。必要时，可以用微波炉低热解冻黄油直至其变软，另外可以把鸡蛋放进热水里静置10分钟，这样可以使鸡蛋更快达到室温。
- 带领孩子完成全部步骤做出同一款饼干。如果想尝试做3款饼干，就给每组孩子安排1个大人予以帮助。
- 多准备一些装材料的容器。例如，面粉可以分装在几个盆里，这样几组人可以同时量取，不必花时间等待。
- 不要舔勺子！有些家庭会允许孩子吃饼干面团，有些家庭则禁止这样做。为了安全起见，派对上别让孩子吃生饼干面团。我在烘焙课堂上会告诉孩子，在课堂上不能吃生鸡蛋，但是在家里和父母一起吃生鸡蛋就没问题。
- 在等待饼干烤好的过程中，可以玩事先准备好的节目或让孩子在户外玩耍，但是要先打扫干净厨房才可以哦。
- 做花生果酱曲奇的那组务必要有大人带领。因为面团很黏，孩子在把面团做成曲奇的过程中需要大人的帮助。揉面团时加糖能降低黏度。
- 发给每组1份食谱，在操作过程中供参考。
- 派对中给每个孩子1块饼干品尝，剩下的让他们带回家。

材料

- → $\frac{1}{2}$杯（60克）全麦白面粉
- → $\frac{1}{2}$杯（60克）中筋粉
- → $\frac{1}{2}$茶匙（约2.5克）小苏打
- → 2茶匙（约10克）盐
- → $1\frac{1}{4}$条（10汤匙，或140克）常温的无盐黄油
- → $\frac{1}{2}$杯（115克）黄糖
- → $\frac{1}{2}$杯（100克）砂糖，另备$\frac{1}{2}$杯（100克）擀面时用
- → 1个大鸡蛋
- → $\frac{3}{4}$杯（195克）细腻的花生酱
- → 1茶匙（约5克）纯香草精华
- → $\frac{1}{3}$杯（85克）家人喜欢的果酱

花生果酱曲奇

这款曲奇搭配的是经典的花生果酱组合，也可以用杏仁酱代替花生酱。注意不要把曲奇烤过头，如果烤得太焦脆，口感就没那么有嚼劲了。

成品数量：15块

工具

- → 量杯和量匙
- → 大盆
- → 中盆
- → 烤盘
- → 吸油纸
- → 打蛋器
- → 木匙
- → 2把勺子

操作步骤

1 预热烤箱至摄氏180度（或刻度4），在烤盘里铺上吸油纸。

2 取中盆，搅拌面粉、小苏打和盐。（图A）

小手来参与

量取干性食材是孩子们很喜欢做的事，而且他们量的时候特别认真。如果你事先向他们示范如何规范操作，他们干起来就更加有模有样了（见第20页）。

A

将干性食材搅拌在一起。

搅拌黄油和糖至乳化。

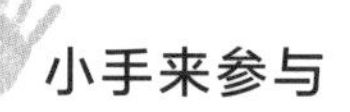

小手来参与

让孩子用木匙沿着盆壁压碎黄油，并让黄油软化。接着向孩子演示如何用勺子来回碾压使其进一步软化。等容易搅拌了，让他们改用打蛋器，在黄油里搅入更多空气。为避免手酸，可以让大家轮流打，或者鼓励他们来秀秀自己的“强壮肌肉”！

3 取大盆，用木匙搅拌黄油直至顺滑发亮。（图B）逐步加入黄糖和砂糖（100克），直至混合物变得轻柔松软，视需要刮下粘在盆壁上的混合物。之后加入鸡蛋，充分搅拌，再加入花生酱和香草，搅拌至均匀。

4 分两次加入干性食材，每次拌至混合。不要过度搅拌面团，告诉孩子：一旦看不到干面粉了就停止搅拌。

5 因为这种面团很黏，最好的办法就是把面团在糖里揉成团，这样用手指按压时，面团就不会粘到拇指上。剩余的面团可以放在另外的盆里。在一个小碗中加入$\frac{1}{2}$杯（100克）砂糖，用双勺法（见第23页）舀出曲奇面团放到糖里。（图C）把面团放在糖里滚上糖粒，再放在备好的烤盘上，每个曲奇之间保持5厘米的距离。用拇指在每个曲奇的中间位置按下1.3厘米深的凹印（图D），并在凹印里填入约1茶匙果酱。（图E）

小手来参与

拿取$\frac{1}{4}$杯（60克）面团，作为指导孩子自己取面团的示范。因为这种面团很黏，可能需要在糖里翻滚一下，再由大人将其放进烤盘里。处理面团时把它看作是个“烫手山芋”，尽量减少手与面团接触的时间。

把曲奇面团揉成球。

用拇指在曲奇坯的中间按一个凹印，可能需要按两次，凹印才会有硬币那么大。

6 烤12～15分钟，或者烤至曲奇外形蓬松，边角微微发黄，但果酱周边应该仍然发白。把烤盘转移到搁架上，让曲奇彻底冷却。冷却后的曲奇会更松脆。

用勺在凹印中加入果酱。

材料

- → 1 杯（120 克）全麦白面粉
- → $\frac{3}{4}$ 杯（90克）面包粉（或中筋粉）
- → 1 茶匙（约5克）小苏打
- → $\frac{3}{4}$ 茶匙（约3.75克）泡打粉
- → $\frac{3}{4}$ 茶匙（约3.75克）盐
- → $1\frac{1}{4}$ 条（10 汤匙，或140克）软化的无盐黄油
- → $\frac{3}{4}$ 杯（170克）淡色黄糖
- → $\frac{1}{2}$ 杯（100克）砂糖
- → 1 个大鸡蛋
- → 1 茶匙（约5克）纯香草精华
- → 2 杯（350克）半甜巧克力块

巧克力豆曲奇

这款经典的巧克力豆曲奇外壳松脆，内里有嚼劲。面包粉或中筋粉的加入，为曲奇带来了耐嚼的口感，虽然这并不是它的重点。这款曲奇与冷牛奶是最好的搭配。

成品数量：15 块

工具

- → 量杯和量匙
- → 大盆
- → 中盆
- → 2个烤盘
- → 吸油纸
- → 打蛋器
- → 木匙
- → 硅胶刮刀
- → 2把勺子

敲开蛋加入面团。

操作步骤

1 预热烤箱至摄氏180度（或刻度4），在烤盘里铺上吸油纸。

2 取中盆，用打蛋器搅匀面粉、小苏打、泡打粉和盐，放在一边待用。

小手来参与

让孩子帮着量取食材，注意要用正确量取的手法（见第20页）。

3 用木匙在大盆里搅匀黄油和糖，直至其乳化并变得顺滑，再用打蛋器打发至轻柔松软（见第23页介绍的拌合技巧）。加入鸡蛋（图A）和香草，充分搅拌。视需要可以用硅胶刮刀刮下粘在盆壁上的混合物。（图B）

时不时刮下盆壁上的混合物。

小手来参与

让孩子倒入面粉并搅拌，但要提醒他们：别过度搅拌面团。以经验来说，如果面糊里看不见面粉了，就可以停止搅拌了。

4 分两次加入干性食材，每次都搅拌到刚刚混合即可。撒上巧克力屑并搅匀。

5 用双勺法（见第23页），将$\frac{1}{4}$杯（60克）的面团揉成球状，放在备好的烤盘上。（图C）在每个烤盘上放6～7勺面团，记得要给每块曲奇留出充足的膨胀空间。烤15～20分钟，或者烤至曲奇呈金黄色但仍未发硬为止。

用双勺法将面团揉成球状，放在烤盘上。

6 将烤盘搁到架子上冷却10分钟，然后用硅胶刮刀将曲奇直接搬移到架子上再冷却片刻。（图D）这些曲奇如果在彻底冷却之前被移动的话，会很容易散开。

材料

- → 1 杯（120克）中筋粉
- → $\frac{1}{2}$ 杯（60克）全麦白面粉
- → 1 茶匙（约5克）塔塔粉
- → $\frac{1}{2}$ 茶匙（约2.5克）小苏打
- → 1 大撮盐
- → 1 条（$\frac{1}{2}$ 杯，或112克）软化的无盐黄油
- → $\frac{3}{4}$ 杯（150克）糖
- → 1 个大鸡蛋

做肉桂糖衣需要：

- → 2 汤匙（24克）糖
- → 1 汤匙（7克）肉桂粉

思尼克涂鸦饼干

记得小时候，我姐姐最爱这款饼干了。

成品数量：**15** 块

工具

- → 量杯和量匙
- → 大盆
- → 中盆
- → 小盆
- → 2个烤盘
- → 吸油纸
- → 打蛋器
- → 木匙
- → 硅胶刮刀
- → 2把勺子

虽然我自己更偏爱吃巧克力豆曲奇，但我很喜欢和妈妈、姐姐一起制作这些思尼克涂鸦饼干，因为可以在把面团揉成球后，将它们放进香喷喷的肉桂糖粉里滚啊滚。这些饼干在烤制过程中不会变成褐色，所以不用去等颜色变深！由于加入了塔塔粉，这款饼干的口感是软而有嚼劲的。

量取干性食材。

操作步骤

1 预热烤箱至摄氏200度（或刻度6），在烤盘里铺上吸油纸。

2 取中盆，将面粉、塔塔粉、小苏打和盐混在一起，放在一边待用。

3 取大盆，用木匙搅拌黄油直至顺滑发亮。慢慢加入糖，搅拌至乳化、发亮且松软。刮下盆壁上的混合物。加入鸡蛋，并彻底搅拌。分两次加入干性食材，每次加入后轻轻搅拌。

小手来参与

用木匙把黄油压在盆壁上碾碎，使其软化并变得松软。也可以用微波炉解冻15秒，以加快此步骤。

把面团揉成球。

将面团放在肉桂糖粉内滚一圈。

小手来参与

让孩子轮流把面团揉成球，并把面团滚上糖粉。

4 制作肉桂糖粉时，取小盆，搅拌糖和肉桂粉。

5 用双勺法（见第23页）把面团做成$\frac{1}{4}$杯（60克）大小的球。（图A）将面团放在肉桂糖粉里滚一圈，使其包裹上糖粉。（图B）将每个球以间隔5厘米的距离放在备好的烤盘上。

6 一共烤大约10分钟，或者烤至饼干的中间部位烤熟并开始发脆。烤到5分钟后旋转烤盘。注意，这款饼干不会变褐色。烤好后把烤盘搁到架子上，冷却约10分钟，再把饼干搬移到架子上。

披萨派对最佳规模

6~10个孩子

游戏计划

每2个孩子做1个披萨面团（够做成2个单人份披萨）

4~6个孩子做番茄酱（够5~8个披萨用）

其他孩子准备馅料，包括磨奶酪粉、切蔬菜

所有孩子一起来动手加料，装饰自己的披萨

披萨派对

生日派对上吃披萨已经不是什么新鲜事了，但是吃孩子们自己做的披萨还是挺特别的。由于孩子们能自主决定加什么馅料，自制披萨派对能够让最挑剔的客人也满心欢喜。并且，由于是自己动手制作披萨，披萨的形状也不一定要做成传统的圆形。孩子们可以跳出思维框框，天马行空地做出三角形、方形的披萨与圆形披萨混搭。

成品数量：1 份单人份披萨

材料

- → $\frac{1}{3}$杯（80 毫升）温水
- → 1 茶匙（约5克）活性干酵母
- → $\frac{3}{4}$杯（90克）中筋粉
- → $\frac{1}{4}$杯（30克）全麦白面粉
- → $\frac{1}{4}$茶匙（约1.25克）盐
- → 1 汤匙（15 毫升）橄榄油，另备一些用于抹搅拌盆
- → 另备面粉或粗面粉用于铺撒

每组孩子所需的工具

- → 量杯和量匙
- → 液体量杯
- → 大盆
- → 中盆
- → 木匙
- → 保鲜膜（或碟子）

披萨面团

这款披萨面团很快就能和好，无需很长的发面时间，且饼皮外脆里嫩。如果希望饼皮发得更彻底，质地更有嚼劲，可以把面团放在冰箱里过夜，以放慢发面的速度。如果选择这种方法，在步骤6之后把包裹好的面团放进冰箱，让面团慢慢地发酵过夜或至少发酵6小时。

成品数量：**2** 个单人份披萨面团

操作步骤

1 用液体量杯量取温水，在水里撒入酵母。酵母遇温水被激活。（图A）

小手来参与

为了判断激活酵母的合适水温，可以让孩子们把手指伸进水中试探。如果感觉手指像在洗舒服的温水澡，那就对了。

2 取中盆，将面粉和盐混在一起。在面粉中间掏一个坑。

在温水中激活酵母。

量取提示

将正确的量取工具直接放在食材中，再提供给孩子，这样孩子就知道该量取多少。例如，在油里放一把容量为15毫升的汤匙。

小手来参与

在面粉里掏坑时，先把手握成拳头，再把拳头放在面粉的中央位置，轻轻转动，掏出一个小凹坑，直到你可以看见盆的底部为止。

在面粉中加入酵母。

轻轻地和面

在孩子们开始和面之前，向他们演示如何轻轻地和面，否则如果他们的动作太大，盆里的面粉会撒出来，这样做出来的披萨就不够大家吃了！

揉面团，使其延展变得有弹性。

节约时间的窍门

加速发面有诀窍：自己做一个家庭版的发面箱。将烤箱开到最低档，达到一定温度后关掉按钮，将面团连盆一起放进烤箱里。这样可以将发面时间缩短大约半小时!

3 待酵母产生泡沫后，往里加入橄榄油并轻轻地搅拌。在面粉混合物里掏个坑，加入酵母混合物后用木匙慢慢搅拌。（图B）一旦混合物变成蓬松的球状，就不太容易用木匙搅拌了。这时将面团刮出，放在撒满干面粉的操作台上。

4 揉面5～10分钟，让面筋得以形成。（图C）关于如何揉面，参考第25页。

5 洗干净大盆，然后在盆的内壁涂上少量橄榄油。将揉好的面团放在盆里，然后翻转面团，使其外表沾上薄薄的一层橄榄油。（图D）

6 用保鲜膜或碟子盖好盆口，放在暖和的地方发酵1小时，或者发酵至面团体积翻倍。

材料

- → 1罐（364克）去皮整番茄罐头，晾干
- → 1或2瓣去皮的大蒜
- → 2 枝罗勒
- → 2 茶匙（约10克）初榨橄榄油
- → $\frac{1}{2}$茶匙（约2.5克）醋（或柠檬汁）
- → 符合个人口味的适量盐和胡椒

工具

- → 量匙
- → 大盆
- → 2～5个小盆
- → 开罐器
- → 细孔磨泥器
- → 如果使用柠檬汁代替醋，备好榨汁器
- → 木匙

纯手工番茄酱

这款酱的颜色鲜亮、味道清新，而且用手压碎番茄的感觉对孩子来说也十分有趣。如果派对上有10个孩子，可以把他们分组，每组2～4人，以小组为单位来制作这款酱料。

成品数量：5-8份单人份披萨的酱料

做番茄酱涉及 4 项工作。选 1~2 个孩子分别完成每项工作。

轻轻地将罗勒叶撕成小片。

操作步骤

1 挤压番茄：给孩子们一个大盆和几个晾干水分的番茄。先向他们演示如何挤压，为防止过程中酱汁四处飞溅，必须让番茄一直处于盆的底部。

2 磨蒜泥：选年龄最大的孩子来完成这项工作。蒜瓣很小，所以孩子们在磨蒜泥时一定要小心。让他们放慢动作。蒜瓣不会掉出磨泥器的孔，倒是有可能会卡在磨泥器的底部。

3 摘罗勒叶：这项工作可以由几个孩子共同来完成。让他们用指尖从罗勒枝上掐下叶子，再把叶子轻轻撕成比豌豆稍大的小片。告诉孩子这个步骤必须用手撕而不能碾压，因为碾压会导致罗勒叶发黑。

4 混合食材：把所有准备好的食材放进有番茄的盆里，用木匙搅拌。罐装番茄也许已经带有调味，所以不需要额外添加调料。静置约1小时，让食材充分浸润出滋味，再加到披萨饼上。

用细孔磨泥器磨大蒜，这样蒜蓉就能充分融入番茄酱。

材料

- → 披萨面团（见第136页）
- → 面粉（或粗粒小麦粉）
- → 纯手工番茄酱（见第140页）

做披萨馅料需要：

- → 马苏里拉奶酪（碎丝状）
- → 蘑菇，切片
- → 洋葱，切碎并经过腌制
- → 新鲜的罗勒叶
- → 红色灯笼椒，切片
- → 意大利辣香肠
- → 香肠粗粒
- → 黑橄榄，切成圈
- → 羊乳酪粗粒
- → 洋蓟心，切片

单人份披萨

最开心的时刻到啦！开始给披萨包馅料啦！多数孩子有奶酪披萨就满足了，但对于喜欢大胆尝试的孩子，可以给他们另外备一些蔬菜和肉类，装在碟子里放在他们够得着的位置。手头多备几个面团，这样的话就能在孩子们动手前先向他们演示具体步骤。

成品数量：1个单人份披萨/人

工具

→ 2个披萨盘（或烤盘）
→ 酱汁匙
→ 披萨铲（或无沿烤盘）
→ 大号砧板
→ 披萨切刀

在操作台面上撒上干面粉或粗粒小麦粉。

操作步骤

1 在烤披萨之前30分钟，将披萨盆或烤盘倒置放在烤箱里，将烤箱预热至摄氏250度（或刻度10）。

2 将孩子分成2人一组，给每个组半份面团。在操作台上撒上干面粉或粗粒小麦粉。（图A）用手将面团压成高尔夫球大小。注意不要让面团粘在操作台上，如果需要，可以在披萨面团下再撒一点干面粉或粗粒小麦粉。用手压扁面团，至均匀的1.3厘米厚，注意边角和中心的厚度要一致。每个披萨面饼的大小应为直径15 ~ 17.5厘米。（图B）

用手压扁面团。

加入酱汁和馅料之前，检查披萨面饼是否能自由移动，不要让它们粘在操作台上。

3 在把酱汁和馅料加到披萨面饼上之前，做个“转动”测试。把揉好的面饼稍微旋转一下，看看其是否会粘在操作台上。（图C）如果粘住了，就在饼底部再撒点干面粉或粗粒小麦粉。

4 舀1～2汤匙（15～30毫升）番茄酱放在披萨饼上，注意留出饼边的位置不要放。（图D）撒上奶酪，不要过量！（图E）。

5 在披萨面饼上撒上适量的馅料，注意不要撒得太多太密。（图F）这款披萨不宜放过多馅料。先撒奶酪，再撒其他馅料。

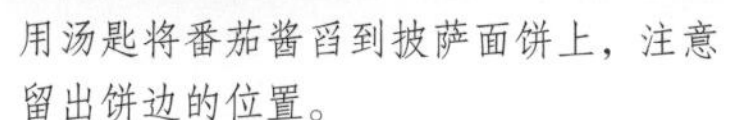
用汤匙将番茄酱舀到披萨面饼上，注意留出饼边的位置。

先撒奶酪。

再撒上适量的馅料。

6 将披萨面饼搬运到热烤箱里的动作必须由大人来完成。用披萨铲或无沿烤盘将披萨从操作台上铲起，放进烤箱。在披萨铲上撒少许干面粉或粗粒小麦粉，这样更容易让披萨从铲上滑下放入烤箱。将披萨铲或烤盘轻轻倾斜，敏捷地让披萨面饼轻轻地滑到热披萨盘或烤盘上。可以先把铲子向前一送，再迅速收回，让披萨饼滑落在烤盘上。这个动作需要练习，所以最好在举办派对之前就操练起来！如果对这种手法感觉不够熟练，也可以直接把披萨盘架到预热好的烤盘上烤。

7 烤5 ~ 10分钟，注意观察，不要烤焦。披萨底部中央呈金黄色时，就烤好了。

8 将披萨铲或无沿烤盘稍微倾斜，托住披萨饼下方，将披萨移出烤箱。再将披萨饼移到大操作台上，冷却几分钟，切片，然后就可以吃了！

这是谁的披萨呀？

为孩子们做好姓名标签，用牙签插在每个披萨上，这样就知道哪个披萨是谁的了。做姓名标签要用到牙签、纸胶带和马克笔。取2.5～5厘米宽的纸胶带，贴在牙签上，注意带胶的两面要对贴在一起。用马克笔在胶带上写下孩子们的名字。披萨烤好后，将牙签插上去。为了记住哪个披萨是哪个孩子做的，可以画下披萨在烤箱里的位置以方便记忆。

最佳派对规模

6 ~ 9个孩子

游戏计划

将孩子们分成2 ~ 3人一组
每组做6个纸杯蛋糕（每人2或3个纸杯蛋糕）
每组做一批糖霜（足够用于6个纸杯蛋糕）
孩子们自己动手装饰纸杯蛋糕

纸杯蛋糕派对

纸杯蛋糕好吃又好玩，还充满节日气氛。让孩子们自己动手装饰纸杯蛋糕，能释放他们的想象力，把小小的纸杯蛋糕做成一件件艺术品。

成品数量：2-3个纸杯蛋糕/人

材料

- → $\frac{3}{4}$ 杯（90 克）蛋糕粉
- → 1 茶匙（约5克）泡打粉
- → 少许盐
- → $\frac{1}{2}$ 条（4 汤匙, 或56克）软化的无盐黄油
- → $\frac{1}{2}$ 杯（100克）糖
- → $\frac{1}{4}$ 茶匙（约1.25克）香草精华
- → 1个常温的大鸡蛋
- → $\frac{1}{4}$ 杯（60 毫升）常温牛奶

工具

- → 量杯和量匙
- → 液体量杯
- → 2 个大盆
- → 中盆
- → 标准12杯麦芬模具
- → 麦芬纸托
- → 打蛋器
- → 木匙（或硅胶刮刀）

香草纸杯蛋糕

试过了用不同面粉来做这款蛋糕，发现还是用蛋糕粉做出的成品最松软轻柔。

成品数量：6 个纸杯蛋糕/组

如果手头没有蛋糕粉，也不想跑商店去买，那么也可以用派粉替代。但是这样的话，烤制的时间就得延长几分钟。不建议用中筋粉做这款蛋糕，因为做出的成品口感会太过密实。我还建议用白砂糖代替天然蔗糖。做这款蛋糕时，黄油、鸡蛋和牛奶要用常温的，这点很重要。

为什么成品数量少？

让2～3个孩子做6个纸杯蛋糕是最完美的比例，能确保每个孩子和家长都可以在派对结束前吃到一个纸杯蛋糕。这里的纸杯蛋糕配方中的量可以很容易地放大2倍或4倍。实际上，这款蛋糕以传统的1-2-3-4比例法为基础，即需要用到1杯（225克）黄油、1杯（235 毫升）牛奶、2杯（400克）糖、3 杯（360克）自发面粉（我们用蛋糕粉加泡打粉发酵而成）和4个鸡蛋。

在黄油里慢慢加入糖。

操作步骤

1 预热烤箱至摄氏180度（或刻度4）。让孩子们把纸托放进烤盘上的麦芬模具里，注意要让他们把纸托一个一个分开。

2 取中盆，用打蛋器将面粉、泡打粉和盐打散，放在一边待用。

3 取大盆，将黄油打散至顺滑发亮。分两次慢慢加入糖。（图A）继续打2~3分钟，直至混合物变得轻柔松软。这步不能偷懒！加入香草并搅拌至均匀。

小手来参与

让孩子用木匙沿着盆壁压碎黄油，让黄油软化。再将木匙来回切黄油，使其进一步软化。待容易搅拌后，改用打蛋器，在黄油里搅入更多空气。为避免手酸，可以让大家轮流打，或者鼓励孩子们来秀秀自己的“强壮肌肉”！

在黄油混合物里加入蛋黄。

小手来参与

打蛋白时，为了不让孩子们觉得疲劳乏味，可以组织打蛋白对抗赛! 让两组孩子同时开打，看看哪组先打好。撩起打蛋器，观察上面沾的液体，哪组的蛋白先出现稳定的尖峰——蛋白尾部形成尖头，即获胜。

4 替孩子们分离蛋黄蛋清，将蛋黄加入黄油和糖的混合物中（图B），将蛋清放进单独的大盆。用打蛋器将蛋黄打散到黄油和糖的混合物里，直至混合物呈均匀的浅黄色，质地变得蓬松。

小手来参与

分离蛋黄蛋清的工作，还是大人替孩子操作比较好，这点你可一定要相信我。要是不小心让蛋黄掺入了蛋清，打发蛋清时就特别不容易发泡。往黄油和糖的混合物里加入蛋黄后，要让孩子慢慢搅拌，防止蛋液溅出盆。等蛋黄差不多搅匀了，就可以让孩子开始卖力搅拌了。

5 交替加入面粉混合物和牛奶（图C、D），每次加入$\frac{1}{3}$的面粉混合物，分3次加完。每次加入面粉混合物后，搅拌至大致均匀。注意不要过度搅拌。

6 与此同时，打发另一个盆里的蛋清至发泡。再将$\frac{1}{3}$蛋清加入面糊，然后轻轻地拌入剩余的蛋清至大致均匀（该步骤的详细介绍见第25页“翻拌”）。

7 用两把勺子在垫好纸托的麦芬模具里灌入面糊，至约$\frac{3}{4}$杯满。可以用一把勺子舀起面糊，另一把勺子刮出面糊到纸杯里（该步骤的详细介绍见第23页“双勺法”）。

交替加入面粉和牛奶，面粉分3次加入，每次加$\frac{1}{3}$。

在第一次加入$\frac{1}{3}$的面粉后，加入一半的牛奶。

小手来参与

向每组孩子示范灌一个麦芬纸托，让他们知道每个纸托灌多少面糊最合适。如果不提醒他们，大多数孩子会一直灌到灌不下为止！

巧克力纸杯蛋糕

如果要做成巧克力口味的，只需在面粉混合物里加入$\frac{1}{4}$杯（30克）可可粉，其他照常即可。

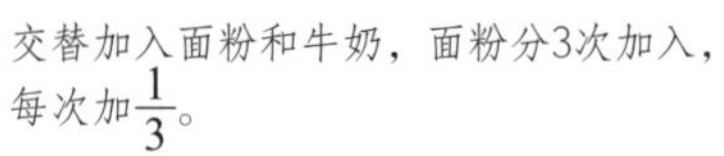

8 将灌入面糊的纸托放入预热好的烤箱，关上烤箱门。开始烘烤后的10分钟内，不要打开烤箱门，否则将导致烤箱降温，有引起纸杯蛋糕塌陷的可能。10分钟后，旋转烤盘。再烤5分钟，或者烤至蛋糕成型。可在蛋糕中间位置插根牙签，拔出时如果牙签干净未粘面糊，就表示烤好了。在烤盘里冷却10分钟，然后把蛋糕从烤盘里取出，放在搁架上彻底冷却，之后再加糖霜。完全冷却需要15 ~ 20分钟。如果赶时间，可以先让蛋糕在烤盘里冷却10分钟，然后放进冰箱冻5分钟。

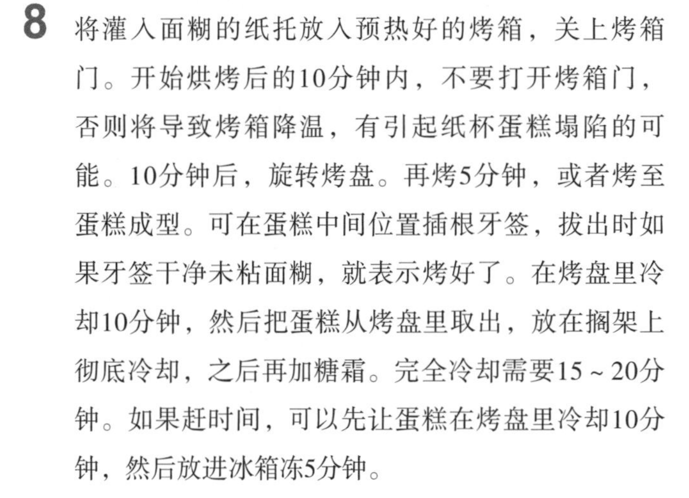

材料

- → $\frac{1}{2}$ 条（4 汤匙，或56克）软化的无盐黄油
- → $\frac{3}{4}$ 杯（90克）糖粉
- → 1 茶匙（约5毫升）牛奶，视需要而定
- → $\frac{1}{4}$ 茶匙（约1.25克）香草精华
- → 少许盐

工具

- → 量杯和量匙
- → 中盆
- → 木匙
- → 硅胶刮刀

简易奶油糖霜

我做简易奶油糖霜时从不看食谱。我的外婆、妈妈也是这样无师自通嗒！

成品数量：6 个纸杯蛋糕所需的糖霜

放下食谱，你就可以自由发挥，好厨师最终都是这样练成的。不过，在丢掉食谱之前，我还是建议先照着这款基础版练几次手，等找到了感觉，再自由发挥。这是一款很凭感觉制作的糖霜，你可以根据需要，随时尝味和调整。还有，孩子们最喜欢被委派当“尝味官”了！

操作步骤

1 取中盆，用木匙压碎黄油至顺滑发亮。

2 以每30克一次的量慢慢地在黄油中加入糖。不要一次把全部糖都加入，糖的分量太大的话，搅拌起来会特别困难。如果混合物太干，可加入少量牛奶。

3 加入香草（或其他调味料，参考第154页）和一撮盐，继续搅拌混合物至轻柔松软，可视需要加入牛奶，使混合物的质地更均匀。

小手来参与

向孩子演示如何轻轻地搅拌以避免糖粉在空气里飞溅。

在奶油里加入果酱，能带来更多风味和色彩。

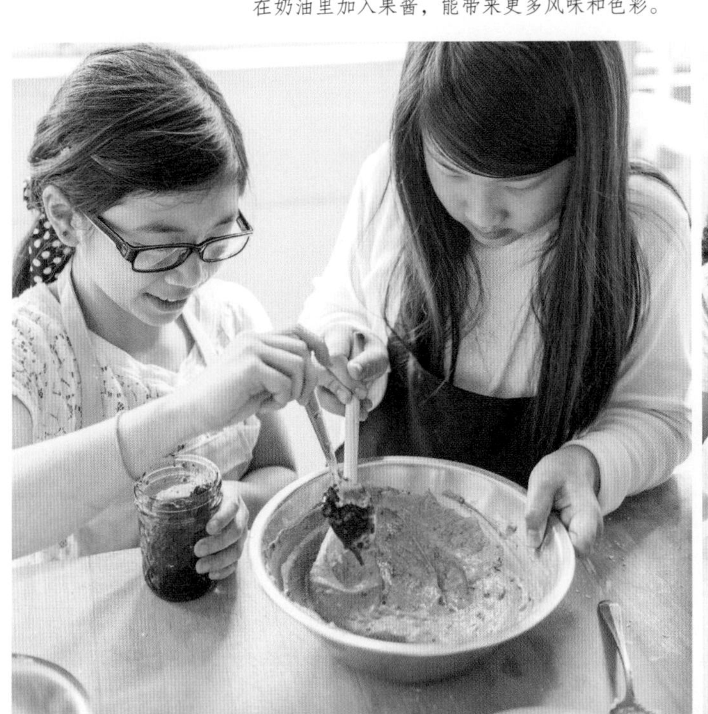

在奶油里加入可可粉，制作巧克力糖霜。

小手来参与

如果每个孩子想做出不同的糖霜，可以先让他们统一做出基础款的糖霜，然后在每人的小盆里放少许基础糖霜，再让他们自己添加其他调味料。注意，操作时要将这里的调味款食谱分量同比例减少，以配合小盆里的基础糖霜分量。

要制作柠檬糖霜，可以加入柠檬碎皮。

自然风味的糖霜

虽说加入食品色素很好玩，但这毕竟有损自然风味。以下是一些加入天然调味料和色彩的糖霜，看了是不是很有启发呢？

樱桃糖霜

加一勺樱桃果酱，再点缀一颗腌制樱桃或新鲜樱桃。果酱品种可以按着自己的口味来选，或者也可以自己做樱桃果酱。只需取中号炖锅，放入 1 汤匙（12 克）糖、$1\frac{1}{2}$杯（225 克）新鲜或冷冻樱桃，开低火煨 20 ~ 30 分钟，并不时搅拌。从炉灶移开，待其冷却成稠汁。

巧克力糖霜

在混合物里加入 1 汤匙（8 克）可可粉。为平衡口味，可以再倒入适量的牛奶，还可以用巧克力刨花作为点缀。

柠檬或香橙糖霜

加入点柠檬或香橙的碎皮及挤出的果汁液，根据口味可适当加量。可以留出一些碎皮点缀在蛋糕顶部。

薄荷糖霜

在混合物里加入浅$\frac{1}{4}$茶匙（约 1.25 克）薄荷精华及切碎的薄荷。在每个蛋糕上点缀一片薄荷叶。

加入薄荷精华和切碎的薄荷做薄荷糖霜。

材料

- 简易奶油糖霜（见第152页）
- 香草纸杯蛋糕（见第148页）
- 装饰点缀物：彩虹色的各色糖，巧克力刨花，可食用彩珠和彩粉

工具

- 糖霜裱花袋
- 各种规格的裱花嘴
- 橡皮筋
- 弯形抹刀

装饰纸杯蛋糕

令人期待的时刻终于到了……开始装饰纸杯蛋糕吧！

成品数量：**2-3** 个纸杯蛋糕/人

怎么用裱花袋

向孩子演示怎样从底部开始挤，可以先把糖霜挤在盘子上练手，然后再挤到蛋糕上。用于练手的糖霜可以从盘子上刮下来，装回裱花袋继续用。从纸杯蛋糕的中间位置开始裱花，用旋转的手法慢慢扩展到周边， 或者用弯形抹刀直接在盆里舀出糖霜，涂抹到纸杯蛋糕的周边。

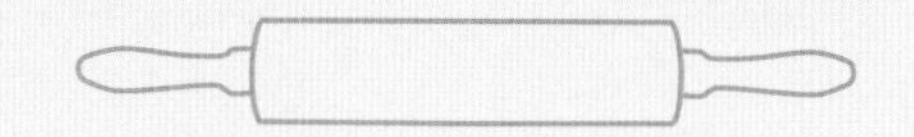

1 用油布罩盖住桌子，把盛糖霜的盆摆在桌子中间。待纸杯蛋糕冷却后，先问孩子们要用哪种糖霜，然后将他们引到靠近各自挑选的糖霜的位置坐下。把纸杯蛋糕用餐巾或碟子装好，放在每个孩子面前。

2 裱花时，将糖霜灌入安装了不同型号裱花嘴的袋里。（图A）把裱花袋撑开放在盆里或量杯里，嘴朝下。用勺子把糖霜灌进袋子里至半满。注意：裱花袋的顶部要用橡皮筋扎住，防止糖霜从后面漏出来。

操作装有一半糖霜的裱花袋比较容易，如果完全灌满了，会很费力。

用星形裱花嘴在纸杯蛋糕周边裱出好看的花边。

3 把彩珠和彩粉盛放在小碟子里，摆在桌子中央。（图B）彩粉留一些，不要全摆出来，否则有的孩子可能会把彩粉全部用完，使得其他组的孩子没机会装饰他们的蛋糕。

任何年龄的人都喜欢装饰蛋糕。

关于作者

利亚·布鲁克斯（Leah Brooks）出生在美丽的太平洋西北岸，并在那里开启了她的烹饪生涯。

她毕业于美国西雅图艺术学院烹饪班，并在当地跟随两位比尔德美食大奖的获奖者工作了七年。她目前居住在旧金山湾区，在“都市新锐厨师(Y.U.M. Chefs)”开设以小朋友为对象、专注本地新鲜食材的烹饪课堂，并受到广泛好评。她的作品曾被刊登在《华尔街日报》的专栏和多个湾区的本地亲子资源网站上。

致谢

我在编写此书的过程中得到了众多人士的帮助，谨在此一并感谢：

所有来到我的课堂上，好学又好吃的孩子们！你们的笑容和热情是我每一天的动力。特别感谢 Georgia B. 、Josie F. 、Shikha J. 、Vihaan U. 、Lindsay L. 、Isabell M. 、Madison W. 、Visarutha W. 、Mason V. 、Molly 和 Leslie C. 、Errdl 和 Audrey C. 、Zara P. 、Lola 和 Nina A. 、Valemtime V. G. 、Olivia G. 、Paige P. D. 、Mason 和 William S. D. 、Sage 和 Simone J. B. ，你们是本书照片里最棒的小厨师！

感谢我的先生 Dana，不仅尽职地试吃，也是我坚定的支持者和值得依靠的“大山”。

感谢我的母亲一直以来对我的信任，感谢我的姐姐一直以来对我的欣赏，感谢我的父亲一直以我为傲。

帮助我测试食谱的 Ginny、Shannon、母亲和 Katie——感谢你们从百忙中抽出时间来为我烘焙！

才华横溢的摄影师 Scott Peterson，用美丽的镜头捕捉了我和孩子们创作出的糕点。也感谢 Carolyn Edgecomb 和 Wei Han Tseng，在图片拍摄期间给予的大力帮助！

感谢 Open Mind 和 Katherine Michiels 学校提供了如此漂亮的厨房，不仅让照片出彩，而且也激发了我创作的灵感。

还要特别感谢 Quarry Books 出版社给我这个机会，让我得以和广大读者分享我对烘焙的热爱，以及带着孩子劳动的欢悦。

译后记

带孩子、玩烘焙，这两件事对于妈妈们来说，前者似乎是必修，后者则像是选修，属于“学有余力”的妈妈的加分项目。那么，有没有一种安排，可以把两者糅合在一起，让妈妈可以带着孩子玩烘焙，既不冷落孩子也不冷落烤箱，大家开开心心还有营养美味的糕点吃？作为译者和妈妈，我很高兴地告诉你：答案不在风里，就在这本书里！

什么？你也许已经开始担心了：厨房重地闲人莫入，何况小孩？烤箱容易烫手，刀子可能割伤……就算一切安好，事后收拾战场，恐怕也零乱得不堪设想。老实说，我在翻开这本书之前也有这样的犹豫，但看到目录并读完第一单元“给孩子的厨房安全提示：敬畏厨房”之后，担心已消除了大半。在之后的每一单元中，对每一款点心可能涉及的安全风险，作者都适时而准确地给出了提示。美国式细腻成熟的安全意识、看似“傻瓜”却极具操作性的严谨指导、贯穿在字里行间的对儿童身心的关怀，让我对作者的专业能力与人文关怀产生了信任。

书中提到的孩子并不是完美的儿童形象，他们的兴奋与笨拙与我们自己的孩子高度相似，比如敲蛋时会捏破蛋壳、灌纸杯蛋糕时会灌得过满、曲奇出炉后会急不可耐地去抓、吃完了抹抹嘴留下狼藉的厨房……面对漂亮糕点背后的一地鸡毛，作者没有回避，而是贴心又耐心地给予指点——比如对于敲蛋，怎么提醒都用处不大，不如让孩子自己体会蛋壳掺进面粉的后果；比如立下厨房铁律：永远不用手拿烤盘上的曲奇，必须等放进罐子后才能享用。看到类此种种，哪怕作为烘焙小白，我也不再感到那么无助，因为作者完全体谅到了初学者的难处，并且用她的丰富经验和专业视角陪伴读者左右。

而另一方面，书里时时流露出的朴实消费观也让我十分赞赏。比如，作者提倡本地采购，使用未漂白的面粉、天然蔗糖、动物黄油等天然食材，甚至还专门写了一段关于加工食品的“坏话”：“你是否留意过大多数包装食品的配料表？硝酸硫胺？核黄素？这些配料不仅念着拗口，也是廉价加工技术的代名词。因为研磨的过程造成了面粉大部分营养素的流失，所以才需要添加这些人工合成的维生素。（记住，我们这里谈的食品配料可都是打着营养旗号的！）”

而节能环保的生活态度，更是嵌入到全书的各个细节，比如“巧克力融化到 75% 时，把锅从炉灶上移开。已经融化的巧克力会用其热量融化剩余的混合物。”又如向孩子演示如何一个个地分离纸杯蛋糕的纸托，避免因为纸托粘在一起造成浪费。

当然，最核心的精彩内容还是书里介绍的 30 款糕点及其配料的制作方法。作者采取分门别类的图文编排方式，简洁而高效地呈现了各款糕点所需的食材、工具、操作步骤，以及区别于其他烘焙书的独家内容——“小手来参与”。作者依据自身丰富的实战经验，从各款糕点的制作过程中精心拣选出适合孩子参与的环节，并予以细致周到的说明。

啰唆了这些，作为译者我应该收手了，不然我大概会不断地举例，直到把书里的内容全拷贝到后记里。在正文的第一页作者写到：厨房一直以来都是她的快乐宝地，她通过做烘焙愈疗了青春期的自己，因此希望孩子们也能找到自己的厨房疗法。是的，每家的厨房就是每家的道场，我们在这里制作三餐、滋养家人。在人与食物的肌肤相亲中，厨房见证了所有的颜色、气息、滋味、声响，一切眼耳鼻舌身意的感官触动。还有比这更好的亲子活动吗？快打开这本《给孩子的烘焙实验室》，带着孩子玩烘焙吧！

丁维

给孩子的实验室系列

给孩子的厨房实验室

给孩子的户外实验室

给孩子的动画实验室

给孩子的烘焙实验室

给孩子的数学实验室

给孩子的天文学实验室

给孩子的地质学实验室

给孩子的能量实验室

给孩子的 STEAM 实验室

给孩子的脑科学实验室

扫码关注

获得更多图书资讯